产品形态设计

CHANPIN XINGTAI SHEJI

主　编　李岚岚

副主编　夏进军　范正妍

 课书房 高等院校设计类专业新形态系列教材
新/形/态/教/材 GAODENG YUANXIAO SHEJILEI ZHUANYE
XINXINGTAI XILIE JIAOCAI

重庆大学出版社

图书在版编目（CIP）数据

产品形态设计 / 李岚岚主编. --重庆：重庆大学
出版社，2024.1
高等院校设计类专业新形态系列教材
ISBN 978-7-5689-4252-2

Ⅰ.①产…　Ⅱ.①李…　Ⅲ.①产品设计—造型设计—
高等学校—教材　Ⅳ.①TB472

中国国家版本馆CIP数据核字（2023）第234154号

高等院校设计类专业新形态系列教材

产品形态设计
CHANPIN XINGTAI SHEJI

主　编　李岚岚
副主编　夏进军　范正妍
策划编辑：席远航　蹇　佳　周　晓
责任编辑：席远航　　装帧设计：张　毅
责任校对：邹　忌　　责任印制：赵　晟

....

重庆大学出版社出版发行
出版人：陈晓阳
社　　址：重庆市沙坪坝区大学城西路21号
邮　编：401331
电　话：（023）88617190　88617185（中小学）
传　真：（023）88617186　88617166
网　址：http://www.cqup.com.cn
邮　箱：fxk@cqup.com.cn（营销中心）
全国新华书店经销
印刷：重庆市国丰印务有限责任公司

....

开本：787mm×1092mm　1/16　印张：10.75　字数：214千
2024年1月第1版　　2024年1月第1次印刷
ISBN 978-7-5689-4252-2　　定价：68.00元

....

目录
CONTENTS

1|
产品形态设计概述与理论基础

1.1　形态设计的普遍疑问

（1）在基础设计训练中，学生对形态的认知较少，会有诸如原始的形态有哪些，其基本构造和框架是什么，如何设计一个形态，形态的语义、美感和情感又是怎样体现的等疑问，这些问题是初学者在学习形态设计时必须掌握的基本知识。

（2）对于产品形态的认知，学生考虑的设计范围往往相对狭小，片面地强调某一方面而忽视其他方面。同一件产品，在面对不同的人群、不同的文化背景、不同的时代环境以及不同人的心理感知等外因和内因诸多条件要求下，产品的形态也发生着变化。因此，初学者要学习和研究不同形态固有的规律性，并通过一定的认知经验的积累为设计定位，实现设计思想从设计师到用户的有效传达。

（3）在设计产品形态造型时，学生常常是为了形态而设计形态，忽略那些影响产品形态设计的因素，这样的结果导致产品在实际应用时，不能符合生产制作工艺的条件，即过多地追求形态的艺术性而忽视产品功能和工艺的重要性。如果只重视形态的美观，那再精美的形态也只是形式而已，经不起市场和时间的考验。因此，在形态设计基础教学中，要让学生亲自实践操作与运用，使其深入理解产品设计中那些既相互制约又和谐统一的创造性因素。

1.2　产品设计中形态的概念

在我们生活的世界里存在着各式各样的产品，这些产品都各具形态。因此，产品的形态设计成了产品设计基础课程教学的重要内容。我们在实际操作时，首先要了解"形态"的概念，并加强对"形状""形象""形式"等容易让人混淆的概念的理解。

1.2.1　形态

1）形态的概念

所谓形态，《新编古今汉语词典》中解释为：古人认为形态是生物的形状、神态或姿态（如"尤善鹰鹘鸡雉，尽其形态，觜眼脚爪，毛彩俱妙。"见唐朝张彦远的《历代名画记·唐朝上》）；《辞海》则认为，"形态"是形象的形状和神态，这说明"形态"不完全等同于"形象""形式""形状"或"神态"。

"形状"指由封闭的线或面形成物体的轮廓和表面。"形象"则指能够引起人们情感或思想活动的形状或姿态，也就是说，形象是一种抽象的形体或图形，且在不同的人眼里或是从不同的角度所观察的形象也不同。《现代汉语词典》对"形式"的释义是事物的外形。在设计上指传达造型内容的物化载体，如形象实体或虚体可被感知的样式和风格等。而"形态"在《词典》里解释为事物存在的样貌，或在一定条件下的表现形式，是事物内因和外形相互作用的结果，它建立在物体外观的轮廓基础上，包括三维空间、质地，以及使其成形的结构。形态中的"形"与"态"密不可分，各具其意。"形"指事物外在的体貌特征，是客观的、具体的、理性的和静态的物质存在；而"态"则指物体内在的姿态、神态或精神势态，是对"形"整体的动态感知和主观意识的把握，具有生命力、内涵和精神意义。因此，"形态"即物体"外形"和"神态"的结合，正所谓"内心之动，形状于外""形者神之质，神者形之用""无形而神则失，无神而形则晦"等，都突出了"形"与"神"两者之间相辅相成、不可分割的辩证关系。

综上所述，不难发现，"形态"是通过外形来把握物体的表现，突出视觉上的感受，具有一定的心理效应，而"形象"则重在突出心理特征，"形状"仅注重外形的整体特征，"形式"则重视事物的艺术性。即使一个物体外观造型不变，但若视觉呈现不同，其形态在视觉感知上则具有不同的特征。因此，对形态的研究，其重点是对形态的"态势"或"生命态"表现的研究，这是学习形态设计的基本切入点。

2）形态的分类

世界万物的形态可谓多种多样、千姿百态。地球上没有两片完全相同的叶子，可以说形态也如此。但是，在千变万化的形态中，我们不难发现，一些形态具有的共同特征，根据这些共同特征，可以将形态大体分为两类：现实形态和概念形态。

（1）现实形态

现实形态是人可以直接感知或触摸的，看得见的，也称具象形态。如自然山水、动植物和各种人造的产品实物。而将现实形态按照其形成的原因又可以分为自然形态和人造形态。

自然形态是自然界中各种客观存在的形态，由生物形态和非生物形态组成。生物形态一般指有生命力的形态，如各种动植物的形态。婆娑多姿、苍劲有力的树枝（图1-1）、活泼可爱的兔子和威武雄壮的老虎（图1-2）等。而非生物形态一般指无生命力的形态，如雄伟壮丽的河山（图1-3）、变化多端的白云（图1-4）等。这些丰富多彩的自然形态为人类提供了大量艺术创作的灵感，为科学和艺术的研究提供了重要的参考、借鉴价值。设计师在进行产品设计时，要能敏锐地观察和分析自然形态，尊重并结合自然发展的规律，设计合理的人造形态。（从大自然中获取设计灵感的产品形态创意方法，详见本书第7章。）

人造形态是人类通过一定的材料或工具，对自然形态进行模仿、加工、处理创造出来的各种形态，也称人工形态。如各种生活用品、艺术作品、家用电器、交通工具、建筑、机械设备等。在产品的形态设计中可以看到大量人工模仿自然的痕迹，如对植物树枝形态和动物外形进行模仿的产品（图1-5）。

自然形态在一定程度上比人造形态更为复杂，它们的根本区别在于其各自的形成方式。一般而言，自然形态的形成和发展除了靠自然力的作用外，主要通过自身的变化规律而衍生，如一棵树种成长为参天大树，其形态的发展主要是一套维系自身生命的机能系统。

人造形态，则是按照人的主观意识加工形成的形态。如在产品设计中，人们应用仿生设计、概念设计、文化设计、功能设计、系列化设计和综合设计等来实现人类对自然的理解和借用，以及体现各个时期和国家不同的设计风格和元素。因此，创造人工形态不仅要满足人们对物质生活的需求，同时，还要注重精神情感的丰富、环境的美化以及生活品质的提高。

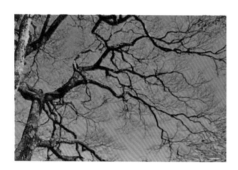

图1-1　苍劲有力的树枝

图1-2　活泼可爱的兔子和威武雄壮的老虎

图 1-3 雄伟壮丽的山河

图 1-4 变化多端的白云

图 1-5 植物树枝形态和动物外形概括的产品

（2）概念形态

概念形态是人不能直接感知或触摸的，是抽象的、非现实的，它存在于人的思想观念中，必须依靠人的思维想象，通过形象化的图形或符号表现出来，也称为抽象形态。

根据成因的不同，概念形态可以细分为几何形态、有机形态和偶然形态几种类型。其中，几何形态是由各种几何元素组成的按照一定数理逻辑构成的空间图形形式，有机形态是指与有机生物体相似的、有生长感的自然曲线形态。偶然形态是偶然之间不经意形成的，具有不可复制的特点。如图 1-6 所示贝聿铭的建筑设计、毕加索的绘画等（图 1-7），都是以几何形态为主。

图 1-6　贝聿铭设计的建筑　　　　　　　　　　图 1-7　毕加索的绘画

1.2.2　产品形态

在设计学中产品是指人工制造出来的，用来满足人们物质（包括使用功能、社会功能等）和精神（包括审美功能、象征功能等）生活需求的物品。从设计角度来看，产品形态是传达设计思想与实现产品功能的语言和媒介，是产品自身结构、材质、功能等外在表象因素和设计者及消费者的审美、价值判断等内在主观因素相互作用综合的结果。也是在"人—产品—社会"之间传递信息的媒介，使三者相互交流和沟通，并赋予产品以新的文化内涵，而不单是一个空空的外壳。

回顾人类的设计史，人类从起初的适应世界到逐步改造世界，再到后来的遵循世界中可以看出，随着社会生产技术水平的不断提高和生活环境的逐步改善，人类将自己的记忆、判断、想象运用到物的创造中，制造出的产品呈现出不同的形态特点、时代印迹和设计风格。如彩陶、青铜器、瓷器随着不同时代的发展，产生了不同的形态和设计表现。下面通过产品形态观的发展来研究产品形态设计风格的变化。

1）"形式追随功能"

美国雕塑家霍拉修·格林诺斯于 1843 年写的一篇文章中首次提到"形式追随功能"这一说法。后来，芝加哥建筑学大师路易斯·沙利文将这一说法应用于自己以后的设计思想和风格，他认为，"自然界中的一切东西都具有一种形状，也就是说有一种形式，一种外观造型，于是就告诉我们，这是些什么以及如何和别的东西区分开来"，"功能不变，形式就不变"，"装饰是精神上的奢侈品，而不是必需品"。这一形态观成为 20 世纪前半期产品设计的主流——"功能主义至上"。它主要强调功能对形式的决定作用，以及产品的形态是通过其功能性、实用性来体现的。同时，包豪斯将这一观点发展到极致，由此建筑大师密斯·凡德罗提出"少即是多"的理论，主张造型上多为纯粹的几何形态，简洁实用，重视功能，打破传统，反对一切装饰，为现代主义设计奠定了理论基础，并将其推向国际设计的舞台。但是，这样的产品形态过于理性、严谨，缺乏亲切感和人性的关怀（如图1-8），无法满足人们内心丰富情感的追求。

2）"形式追随行为"

美国爱荷华大学艺术史学院华裔教授胡宏述先生在20世纪早期提出"形式追随行为"的产品形态观。主要强调产品的形态在兼顾实用性、功能性的同时，还要体现以用户为中心的人际交互设计。这一观点中的"行为"是指人的行为习惯、动作和操作方式，所以，设计师在设计产品时，要遵循人的行为规律和习惯，运用人机工程学的知识研究分析人与产品的交互关系，从而进行产品的形态设计。这种形态的产品，不仅提高了使用者对产品的可操控性，还优化了产品的人机界面，在带来方便、舒适的同时，也保障了使用者的行为健康。

3）"形式追随情感"

著名的产品设计公司如IDEO、青蛙、奇葩等，在产品形态设计上追求趣味、和谐，其产品的色彩、造型和细节的设计，给人以亲切、可爱和幽默的感觉。而青蛙设计公司更是明确提出了"形式追随情感"的产品形态观。这一形态观体现了现代主义设计对人内心情感需求的反思，强调设计不再是仅满足使用者对产品功能的需求，而应突出用户情感体验和精神感受，将设计师的思想和理念通过一种情感的纽带赋予产品，使用户在产品上找到属于自己的情感诉求。好的产品形态设计是建立在设计师对用户情感需求和心理动机的研究、理解的基础上，凭借他们的技艺、经验和直觉表现出来的，如图1-9所示的拉环式插头设计、图1-10所示的可调节课桌椅设计就是这类设计的代表。但是要注意，过分重视人的情感体验将会忽视产品最初的使用价值，使产品的情感功能高于使用功能，从而产品变成了艺术品。毕竟，产品的存在价值是以功能为基础元素的，只有将功能、情感和形态完美地结合，才能创造出丰富多样的产品。

现在，大多数产品是以功能为设计目的，不管是"形态追随功能""形态追随行为"，还是"形态追随情感"，都反映出产品的形态设计与可使用性、可操控性和人机情感的密切关系。一方面，突出产品的功能决定其基本形态；另一方面，突出形态对产品使用功能的启发，两者相互作用、不可分割。如设计一辆自行车时，必须考虑自行车的形态结构是否满足转动、推、行和坐的基本功能要求，在材料的使用上，考虑其加工成形的可能性及安全。另一方面，需注意形态对其功能的影响。比如，自行车形态的尺寸比例将直接影响人的使用方式，自行车的整体形态如何给人带来美感和心理享受，这也是自行车设计最终能否被人接受和使用的关键要素之一。所以，设计师要学会运用特有的形态语言，准确把握产品"形"和"态"的关系，借助产品的形态来传达自己的思想理念，从而和用户达到情感上的共鸣。人们在选择适合的产品时，往往根据经验从产品的形态来认识产品的功能，如图1-11将"吸烟有害健康"的理念融入烟缸的形态设计。

图 1-8　旧式台灯

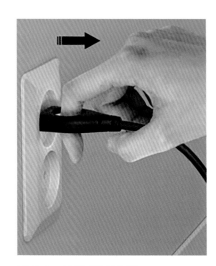

图 1-9　拉环式插头设计

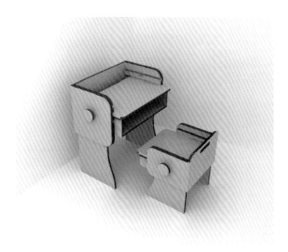

图 1-10　可调节课桌椅

图 1-11　烟缸形态设计

1.3 产品形态设计的研究定位与范畴

产品形态设计是产品设计专业的一门重要课程，是从基础走向设计的必经之路。在产品形态设计中，不同的环境背景、不同的时代技术、不同的文化特色、不同的人类群体等都会影响设计。

设计产品形态时，主要从环境背景、科学技术、设计风格、文化特色、生态环保、目标群体这六个方面来考虑产品形态设计的定位和范畴。另外，对于人机互动和情感体验要求高的产品，还需通过人机工程学和情感化设计理论对产品的形态进行验证，以确保产品使用的高效和可靠。

1.3.1 环境背景

在环境科学领域中，环境是以人类社会为主体的外部世界的总和，是人类赖以生活和生产的场所，是人类生存和发展的基础。环境分为多种类型，有自然环境和社会环境，在这里讨论产品使用的环境，主要有室内和室外环境。室内环境是指运用天然材料或人工材料围隔成的小空间，如我们生活、工作、学习、娱乐等各种相对封闭的场所，即住宅、办公室、学校教室、百货商场、医院，以及汽车、飞机、火车等交通工具的内部都属于室内环境，而室外环境是指一切露天的环境。

产品与艺术品不同，除了其功能要满足不同的市场需求外，其形态、色彩和材质等都要有明确的市场和环境定位。此外，产品使用效果的发挥会受到环境中的光、声、温度、湿度、空间尺度等物理因素以及酸碱性等化学因素的影响，为了应对这些因素，产品的形态会产生或多或少差异。首先，气候差异导致对产品形态要求的不同，如南方气候潮湿且有梅雨季节，为了防潮、干燥空气，抽湿机自然而然就成为长江以南地区广受欢迎的产品；而北方地区气候干燥，加湿器恰好具有增加空气湿度的作用，因此，这样的产品在北方就有了它们的广阔市场。再如溜冰运动，由于环境介质的不同，溜冰鞋在形态上的造型也不同，溜冰分为真冰和旱冰，真冰鞋的介质主要是结冰的水面，应以坚硬的冰刀来减小与冰面的摩擦力；旱冰鞋的介质则是平滑的地面，依靠鞋底的滚轮进行滑行。因此，真冰鞋和旱冰鞋形态差异的本质在于：一个是"一"字形冰刀，一个则是滚轮。另外，根据环境介质的不同，汽车分为越野车、乘用车、轿车等车型，其各自的产品形态差异也较大，如图 1–12 所示。其次，不同的空间环境尺寸对产品形态的要求也不同，以室内外灯具为例，户外路灯照明主要是为了方便行人和车辆的行驶，还要考虑防雨、防风、防日晒等特殊的需求，因此，灯柱要相对粗大且稳固，且安装时要高于路面行驶的车辆。而家用台灯、落地灯、壁灯等以局部照明烘托气氛为主，形态小巧纤细而精致，其大小、疏密尺度要符合人体尺寸和人的行为心理需求，如图 1-13 所示。最后，不同的使用环境对产品形态设计有不同要求。以座椅为例，办公室使用的座椅为了满足工作上狭小活动范围的需要，在椅腿上安装了万向轮，以此方便座椅的移动；户外写生时，可折叠式椅的设计既满足了椅子最基本"坐"的功能，又便于提携和存放；公园、车站、广场等户外公共场所的休息椅（图 1-14），由于日晒雨淋的环境特点，其对产品形态和材料的要求包括不积水、便于清洁、防潮防腐、视觉美观等。除此以外，还有轿车中内饰的产品形态，超市中普通购物车和带小孩座椅的购物车形态设计的差异，以及旷野中手电筒和家用手电筒形态的差异等很多例子。

图 1-12　各种不同环境介质下使用的汽车

图 1-13　各种不同环境介质下使用的灯具

图 1-14　各种不同环境介质下使用的座椅

1.3.2　科学技术

现代科学技术的发展，使得新技术在产品形态设计中的应用越来越广泛。新技术的应用促进了产品结构的开发；同时，也为实现材料的扩展使用提供了各种可能。由于新材料的不断涌现，导致了传统产品形态的革命性改变，例如，在 20 世纪 90 年代末推出的个人电脑 iMac G3，使当时的人们彻底改变了对电脑形态的认识。此设计的创新除了主机、显示器的一体化外，其外壳包裹的半透明彩色塑料，使内部机芯的构造若隐若现，传递出了科学技术的魅力。而苹果电脑的形态随着时代技术的发展也不断创造出设计界的神话，特别是其在材料和技术的运用上，极其大胆创新，从最初的"重、厚、大"向"轻、薄、小"转变，既节省资源、能源，又降低成本、便于携带，以此增强了市场竞争力。如今 iMac 成为时尚的代名词，其设计形式出现在各种产品的形态中，延续至今。另外，由于人们对材料组织结构不断地进行深入研究，并将宏观规律与微观机制密切地结合，创造出了性能更好、种类更繁多的新材料。因此，在产品形态的设计创造中，由于科技进步，为我们提供了丰富的可选择材料。

不同时期，新材料、新技术、新工艺的应用必然会给产品形态设计带来新造型、新装饰、新时尚等，同时，新的产品形态设计也将成为当时科学技术发展的标志。尤其是生产技术水平高度发达的今天，科学技术是企业生存和发展的必要条件。麦克罗伊在《设计》一书中提到，设计观念要从社会需求和技术可能性两者的总和中产生。因此，设计师要根据社会发展的趋势，时刻保持敏锐的洞察力，在充分掌握现有技术以及对成熟技术的应用的条件下，把握人的需求和科学技术发展的水平，设计产品形态。

1.3.3　设计风格

纵观西方设计史，从欧洲古典设计风格中展现的西方传统文化，经历了现代主义简洁设计风格的机械加工工艺制造，流线型设计风格的优美华丽，波普设计风格的新奇古怪和形态仿生设计的情趣可爱到遵循环境发展的生态设计等。这些都说明，在产品设计发展的历程中，市场需求越来越趋向多样化，我们对产品形态设计的定位不能一概而论，而应该根据不同时期的设计风格和潮流来为产品形态定位。随着现代多元化世界的发展，人们不再满足于对司空见惯的生活环境、饮食习惯、居住条件和情感表达，渴望追求新鲜的生活方式和情感体验，以此来满足不断上升的物质和精神需要。当设计师引领一种新的设计潮流，并被广大群众接受和传播时，设计领域将会发生的转变。

为了更好地确定产品的设计风格，除了要对产品有深入的理解、分析和研究外，还要深入调查市场的流行趋势，收集相关资料，了解消费者的审美情趣，并根据其审美情趣选择不同的设计风格。对产品的感悟和理解不同，也会影响产品形态的设计风格，每个设计师都具有不同的设计水平、知识层面和技术能力。在产品形态中，设计风格没有明确的界限。视野开阔、设计知识面较广的设计师往往拥有充足的设计资源，擅长运用创新的设计方法来表达其独特的设计思想，如"设计怪杰"菲利普。

同样一件产品，不同的设计师，会设计出不同风格的形态。所以，产品设计师要全面、永不停止地学习。

1.3.4　文化特色

如果说产品形态设计的外观造型是骨骼支架，那么，设计师的创作理念、自身修养、文化背景以及企业的品牌文化则无疑是产品形态的灵魂。因此，产品的文化走向决定了产品形态的定位，甚至关系到产品设计的成败，且不可避免地成为产品形态设计教学的重点和难点。

所谓文化，可以分为广义的文化和狭义的文化。广义上的文化是人类在社会历史实践中不断创造的物质文明和精神文明的总和；而狭义上是指社会的精神财富，主要是社会意识形态以及与之相适应的制度和组织机构。从费孝通对文化的观点可以看出，文化包含三个层次，第一个层次是指人们生产、生活的工具的文化，即器物层，例如，在传统饮食文化中，中国人吃饭用筷子，西方人用刀叉，而印度人则用手抓。第二个层次是指在这个社会里是怎样把个人组织起来，让单独的个人集合在一起并在一个社会里共同生活，还有他们是如何互动的，即组织层，例如，政治组织、宗教组织、生产组织、国家机器等，包含的内容很多。最后一个层次是价值观念的层次，如人的想法，怎么想，什么可以接受或者不能接受，什么是好或不好，各个社会的价值观念、行为选择标准不一样。器物层反映了人与自然的关系；组织层的社会组织建立反映人与人之间的关系；价值观念层则反映人与自身心理的关系。三个层次紧密联系，不可分割，是一个有机整体。产品的形态属于文化的器物层，并受制于文化的各个层面，即组织层和价值观念层。如中国北京传统的四合院民居形态，父子兄弟分列有序，东西两厢，前后三进，结构森严，关系重重。在这样的房屋背后，家庭组织、孝悌伦理、三纲五常无不深藏其中。因此，物质的形态往往通过文化潜在的力量来实现其中的观念与意义。

文化具有多样性、群体性、传承性和时代性的特征。从各个不同角度分类的文化，能有效地帮助我们进一步分析、研究产品形态设计的定位。从历史的角度来分析，可将文化分为原始文化、古典文化、现代文化、当代文化等；从地域的角度来探讨，又可分为海洋文化、草原文化、内陆文化，或者是东方文化和西方文化等；世界上的每个民族都有自己独特的文化，有多少个民族就有多少个不同文化，即民族文化；从文化反映事物性质的角度来研究，可分为科学技术文化、伦理道德文化、管理文化、思想哲学文化、艺术文化和体育文化等文化。人类创造了文化并受文化影响，设计需要文化的积累，并受文化影响；文化又通过设计被展现，两者相互促进。

生活在不同文化背景下的设计师有着不同的文化修养、风俗传统和设计风格，以及各自对生活不同的认识和态度。所以，在实际产品形态设计的过程中，文化的分类有助于设计师理顺文化走向的思路，以此加强消费者对设计的认可。随着世界信息化资源的共享，不同国家之间的交流越来越密切，人们对设计风格的喜好有可能因为互相影响而变得越来越趋于雷同，这种市场的发展趋势有可能导致风格单一化，毫无创新、单调而沉闷。因此，设计具有文化特色的产品成为形态设计考虑的必然方向，在产品中注入民族文化，突出本土文化，体现各具特色的文化风格。如东西方文化有着较大的差异，特别是在饮食文化上，其不同的用餐习惯导致产品类型的不同。东方人习惯以筷子为取食工具，而西方人则使用刀叉，这些餐具的差异源于他们生活的地域环境、气候特征、风俗习惯，以及饮食的烹饪方法、口味、原料等。就像东方的茶、西方的咖啡，风味不同，各具特色，如图 1-15 所示。21 世纪是文化管理和致富的时代，品牌文化成为企业之间竞争的重要因素。以苹果公司为例，其品牌文化的核心价值观是大胆创新、勇于冒险，这种追求时尚、个性、创意的品牌特色，促进实现了乔布斯使苹果公司成为电脑界翘楚的梦想，如图 1-16 所示。

图 1-15　不同风味的文化特色

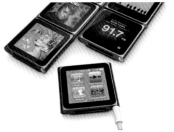

图 1-16　乔布斯带领下的苹果设计

1.3.5　生态环保

在时代不断发展的同时，人类赖以生存的自然环境却遭受到严重的破坏，如今尊重和爱护环境的呼声越来越高，可见人们对自然环境日益重视。特别是设计师要意识到设计对环保的重要作用，通过建立"人—社会—环境"之间协调发展的关系，实现产品的可持续发展，将绿色设计作为设计的主要目标之一，考虑产品的可回收性、可拆卸性、可维护性、可重复利用性等环保属性，保证其经久耐用、简洁时尚。绿色设计主要针对人与自然的生态平衡关系，在每个设计环节中都要考虑生态效益，减少对环境的破坏，其设计核心体现在"Reduce""Recycle""Reuse"（减少、回收、再利用），也就是"3R"原则，包括尽量减少物质和能源的消耗，减少有害物质的排放，使产品及零部件能够方便地分类回收并再生循环或重新利用。

环保的产品设计是现代社会发展的必然趋势，也是人们对生活质量的要求体现。另外，运用人机工程学，产品的形态不仅要符合人体的使用机能，更要有利于人的健康。因此，树立生态环保意识、创造人与环境的和谐共处、改善人与环境的关系成为产品设计可持续发展的主要研究方向。

1.3.6 目标群体

产品设计是一项目标性很强的创造性活动，开展设计工作的前提就是设定目标，确定产品的定位，以及在了解产品市场流行趋势的同时，深入分析和理解产品的使用对象、目标群体的审美趣味和所属品牌的风格特征等，以此进一步研究产品的形态定位。

在市场经济的推动下，产品的设计从关注功能逐步转为关注人的情感。设计的对象是产品，但是，设计的目的是满足人的需求，以人为本，因此，设计即是为人的设计。不同的目标人群其喜好也不同，将目标人群进行分类，可以帮助设计师了解不同年龄、性别以及种族等各类人群的需求，更好地掌握不同产品的基本形态风格的走向。产品的目标群体，总体上分为儿童、老年人、年轻人以及特殊人群（如残障人士），还有男性和女性之分。如儿童用品的形态活泼可爱、老年人用品稳重温和、年轻人用品个性创意、男性用品大气刚强、女性用品柔和妩媚，而特殊人群的用品则重在方便使用。可见面向不同目标群体的产品在功能、色彩、材质、整体风格走向上都存在着巨大的差异，如图1-17所示。

影响产品形态设计定位的因素很多，最重要的是抓住关键的因素。在设计中，设计师需要对所有的影响因素逐个进行比较、排序，才能找到问题的关键。在充分认识生产技术、材料工艺等有形因素的基础上，和工程师、工人、技术人员进行充分的交流和沟通，利用相关设计的知识和技巧，围绕设计目标，逐步完善产品的整体形态。

图1-17 针对不同人群的设计

1.4　形态设计研究的重要性与相关理论基础

1.4.1　形态设计研究的重要性

综上所述，以某种形式、形态和状态存在的万事万物，大都可以用形态来表现。无论是感官感觉到实物，还是通过思维构想的抽象的物质、事物等，都可以用形态进行表达。对于设计来说，形态既是视觉化的物质的形态，也是抽象事物的状态。由此可知，无论是天然生成的或智慧创造的，抑或是文化所形成的事物，都会产生"形"的印象，世上的万物都有形的存在，这是一个"形"的世界，任何艺术形式都离不开可视的形态，形态是产品设计的重要组成部分。

因此，在设计过程中，形态的重要性是毋庸置疑的。需要注意的是，首先，在产品形态设计过程中，让形态出彩的关键是为产品找到鲜明的个性特点。这就需要灵活运用各种美学手法，依据同类产品的比较、消费群体的喜好、分析环境特点，通过反复推敲，用造型手段展现形态的个性风格特色。其次，与纯艺术产品不同，产品形态设计的好坏不是由设计师的喜好而定，而要有市场观念，得到消费者的拥护。同时，产品的形态设计要有批量生产的可能，这样的设计才有价值。所以，在产品形态设计中，当产品主体形成后，需要根据使用场合、功能要求、操作要求、人的生理要求等重新设计产品形态。

1.4.2　形态设计研究的相关理论基础

形态学的研究，首先出现在生物学领域。德国大诗人兼博物学家歌德提出了"形态学"的概念，把生物体外部形态与内部组织构造联系在一起。与此呼应，在艺术学研究中也出现了类似的观点。德国艺术批评家赫尔德，首先从心理学和发生学的角度提出了对艺术形态的划分，他把艺术划分为视觉的、听觉的和触觉的。赫尔德对艺术形态的划分，现在看来有些不合理，却抓住了艺术起源与社会生活实践的联系，并且预示了黑格尔美学的历史主义观点。到黑格尔时期，艺术世界的结构分析与历史分析已经融合在一起了。

19 世纪以来，随着工业文明的发展，艺术形态学的研究与工业生产实践之间建立了联系。如德国著名建筑师森培尔在《应用艺术和结构艺术的风格》一书中，把工业产品风格作为一种审美形态进行研究。塔本贝克在《美的宗教》中进一步提出了审美可见性艺术和审美有序性艺术的概念。审美可见性艺术指绘画、雕刻、文学等具有再现现实的能力的艺术，而音乐、建筑等艺术则不具有再现事物的能力，它们所体现的是审美有序性原则。审美有序性渗透到人们生活的各个方面，成为人们组织生活的一项原则。

一直以来，对艺术形态学的研究始终受到实用与审美、物质生产与精神生产之间矛盾关系的困扰。这说明对设计产品的形态，尤其是建立在现代工业基础之上的产品设计产品的形态研究，不能单纯从艺术的观点去考察。应该把形态设计作为一种独立的领域来研究，既要区别于单纯审美的艺术形态，又要区别于纯理性产物的科技形态。我们需要了解，在设计中任何对人工形态的研究，都离不开对自然的学习和借鉴，因为自然物是一切人为事物存在的前提和根源，这是毋庸置疑的。

在产品形态理论中，产品形态的构成分为技术形态与艺术形态。技术形态是依据某种物质的自然规律构成的，它的目的是充分发挥特定的技术效能；而艺术形态是从人的感受出发，依据艺术家内心的意象构成的，目的是产生特定的精神效应，并不考虑科技的物质功能。设计产品需要兼顾这两种效应，从而同时发挥出产品的物质功能与精神功能。所以，设计产品的形态是属于功能形态，处于技术形态和艺术形态之间。早在包豪斯设计学院时代，校长格罗皮乌斯就提出了"艺术与技术的新统一"的口号，呼唤在建筑和产品设计中实现科学技术与艺术创造的有机结合。

产品作为一种功能形态的载体，以人的需要为目标，将科学技术成果变成人们看得见、摸得着、用得上的物品。这是一个将科技内容转化为适应于感性活动对象的过程。产品形态的创造，是在功能结构的基础上实现的，产品获得了最终的外观形态。由此，一方面，产品实现了它的物质功能；另一方面，也创造出与其物质功能相适应的精神功能。

课后思考：

一、思考题

1. 请简述产品设计中形态的概念、形态的分类，并举例来验证生活中常见的形态类型。

2. 请结合自己的设计实践，举例说明建立在现代工业基础上的产品设计产品，以及如何处理好形态的物质功能与精神功能之间的关系。

二、设计分析题

请比较下图中两款音响设计的造型差异，分析其各自形态传达出的设计侧重点，并说明形态设计的重要性。

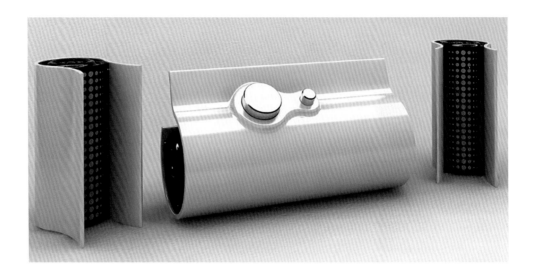

2 |
产品形态设计中的要素

2.1 形态设计中的"形"与"态"

通过第 1 章的论述，我们了解到，在设计中形态是由"形"与"态"组成的。"形"是指由面或封闭线条形成的物体外部的轮廓和表面。轮廓是物体的外在特征，是一定条件下能被人视觉感受的"形状"。而"态"是指仪态、姿态，是物体内在呈现出的不同的精神特质，即"神态"。客观事物的外在形状与反映，是物质的，具有客观性；而内在精神是心理的、精神的、富有内涵的、动态的，具有主观性。因此，在产品设计中，要能兼顾"形"与"态"两个方面。"形"的设计主要涉及产品功能、结构方面的内容，在设计过程中较为严谨，带有理性的逻辑。而"态"则着重表现情感、文化等方面的内容，两者共同作用形成完善的产品形态设计。在产品设计过程中，表象的形主要依照形态的构成元素，按照一定的规律得以实现。如图 2-1 所示，形的视觉构成元素包括点、线、面、体，它们是有形的视觉元素；同时，这些元素通过人的知觉反应，形成无形的心理元素。视觉元素和心理元素一起组成了设计形态。因此，我们应该知道，形态审美是动态的视觉经验，包含"形式"和"精神"两个方面，其中形式是精神本质表现。在平时的设计实践中，应当致力于运用基本的视觉元素"点、线、面、体"来反映设计目标主体的"形"，使形态具有主观动态的形态审美，让设计目标人群对产品形态产生情感共鸣。

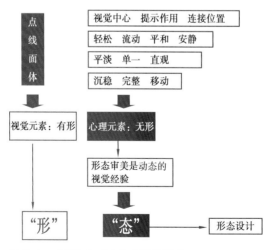

图 2-1 "形"与"态"之间的关系

2.2　产品形态设计中的点、线、面、体

2.2.1　点的定义及形态特征

几何学上，点指没有长、宽、厚而只有位置的几何图形，也指两条线相交处的交点或线段两端的端点。在产品形态设计中，"点"表示所在的位置，起到视觉中心的作用。点的类型分为单点与多点两种：

1）单点

单点具有单纯和集中的特点，给人集聚性的视觉心理作用。当画面只有一个点的时候，人的视线就会自动地集中在这个点上，形成趋势心理。点在不同的位置，会产生不同的视觉效果。

当点在画面中心时，视觉容易集中，此时的点具有安定、严肃、停滞的视觉效果，因此备受瞩目。如图2-2为无印良品的海报设计作品，画面中心的点非常鲜明地成为视觉中心。

当单点在画面上方时，会产生提升能量的作用，具有动态美感，但有时会让人觉得重心不稳定。

当单点在画面下方时，重心下移，稳定感较强。当单点在画面一侧时，画面便具有倾斜感。

当单点形状呈现凸形时，有向外扩张的感觉；反之，单点呈凹形时，有凹陷的感觉，力量感是向内的。

2）多点

设计中多点的组合能产生对称、均衡、对比等视觉审美效果。

产品中的散点排列可以形成活跃的动感，使画面显得生动。如若点密集地排列则能形成一种肌理，为形态设计增添细节层次，如图2-3所示。

图2-2　无印良品海报设计

图2-3　具有层次感的点设计

在点的排列中，常有以下几种视觉经验：

（1）大小不同的多点组合可构成前后层次感，使画面具有很好的层次感，如图 2-3 所示。

（2）等距的多点，构成严肃、静态的感觉。

（3）大小相同，距离不同的多点，可构成强弱渐变图形。

（4）当点的大小或间距按照一定的规律变化的时候，可以产生强烈的韵律感，使设计画面具有内在张力。

（5）点大而疏时，图形显得干净，视觉中心突出，如图 2-4 所示。当点小而密时，图形显得细腻，并能形成特殊的肌理。

2.2.2　线的定义及形态特征

线在几何学上指一个点任意移动所构成的图形，在其性质上无粗细变化，只存在长短变化；在平面造型中的线，是表现二维空间中图案应有的形状、宽度以及图案在整体中所处的位置关系等；而在产品形态设计中，线作为立体空间中的元素，是构成产品立体形态的基础，在立体的产品形态中，线是以相对细长的立体形的方式存在，一个面或体的存在是由线界定的，这种界定线被称为轮廓线。线在形态中可分为直线和曲线。线是最富有动态表现力的元素。

1）线的视觉心理

（1）直线在视觉心理中是一种静态的表现，其在人们通常的感知认识中具有坚硬、单纯、顽强、简朴、平静的特性。一般情况下，线分为水平线、垂直线、对角线、折线等。如图 2-5 所示。

（2）曲线在视觉心理中是一种动态的表现，一般情况下，分为几何曲线、自由曲线。如图 2-6 所示。

①几何曲线视觉感知表现为有序、规范、理性、单调、冷漠等特性。

②自由曲线视觉感知表现为自然、无限延伸、极富变化。

2）线的表现形式

在直线和曲线大的集成模式下，不同形式的表现也带给线不同的感知。如图 2-7 所示。

①粗线的表现形式可以在直线和曲线原有的视觉心理中再附加上有力、豪爽、厚重的紧张感。

②细线的表现形式表现出线的锐利，在视觉心理中具有纤细、敏感、微弱的紧张感。

③长线的表现形式则具有连续性。

④短线的表现形式则具有急速的视觉刺激性和断续性。

图 2-4　原研哉为 Nitro+ 游戏公司设计的新标志

图 2-5　直线产品的表现　　　　图 2-6　曲线产品的表现

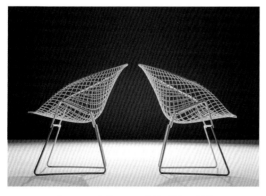

图 2-7　哈里·贝尔托亚设计的"钻石椅"

2.2.3 面的定义及形态特征

面在几何学上指线移动所生成的轨迹，有长有宽没有厚的图形，是以形的特征再现，是点和线的组合。因此，面的表现是多元的。在立体构成中的面，是相对于三维立体而言的，二维特征明显的面也是由长宽构成的二维空间，除了具有长宽外，厚度在其中是存在的，但可忽略。

1）根据面的不同形成因素划分

按照面的形成因素不同，可以将面分为几何面和自由面。如图 2-8 所示。

（1）几何面的表现形式有圆形、四边形、三角形、有机形、直线面、曲线面等。

（2）自由面的表现形式有不规则面、徒手面、偶然面等。

2）根据面的构成形式划分

面的构成形式多种多样，通常情况下，被分为面的分割和面的组合（图 2-9）。

（1）面的分割。在一定情况下，可以对面进行直线分割、曲线分割和封闭式分割。

①直线分割时，通常在面上进行垂直或斜线的分割。

②曲线分割后，面的形式通常为凹凸互补的形式。

③封闭形分割时，通常是对完整性进行分割。

（2）在面的构成方式中，还有面的组合，通常是对两个以上的面进行分离、复叠、相切、联合、插叠、透叠、重合等组合，以达到一种新的形的表现形式。如图 2-10 所示。

图 2-8 面的展示

图 2-9 阿纳·雅格布森设计的"蛋椅"

图 2-10 深泽直人设计的"广岛椅"

2.2.4 体的定义及形态特征

在几何学定义中，体是平面进行的运动产生的轨迹。体是通过三维空间形式进行表现，通过长、宽、高的不同，进行不同形式的体的表现。体可以由面合围而成，也可以通过面的运动形成。不同于点线面，体这种三维表现的形不仅可以通过视觉来感受，还可以通过触觉来感知它的客观存在。

体按其基本形态可分为平面几何体、曲面几何体或其他自然形体等。各种不同的形体可根据一定规律在其原有形体基础上进行切挖或叠加，形成不同高度、不同疏密、不同大小、不同曲直的各种造型变化；有时也可进行正负形的重构，或类似形的重复。

根据体的形态模式的不同，可将体分为线体、面体和块体。

1）线体的表现

线体的表现，方向性极强，但其表现的空间性小，如图 2-11 所示。

2）面体的表现

面体的表现中有连续的面，具有视觉上的重量感和稳定性特征，同时，还具有平薄的幅度感，如图 2-12 所示。

3）块体的表现

块体的表现则是封闭空间中的一种有重量、有体积的立体形态。块体可以由面围合而成，也可以由面运动形成。具有更强烈的重量感、稳定性、充实感和安定感，如图 2-13 所示。

图 2-11　线体的表现

图 2-12　面体的表现

图 2-13　块体的表现　模块化灯具设计

2.3　产品形态设计中的色彩魅力

2.3.1　色彩的情感

色彩是设计中不可或缺的表达形式，不同的色彩运用会使人们产生不同的视觉效果，进而影响使用者的心理感受。阿恩海姆说："就表情而论，最显著的效果也比不上落日或地中海蓝的效果。"从远古时期开始，人们就意识到了这一点，并在长期的社会实践中，逐渐形成了对不同色彩的不同心理感受。人的视觉对色彩的特殊敏感性，决定了在设计中需要对用户色彩的重要价值进行仔细考虑。

众所周知，色彩会使人产生冷暖、进退、轻重、强弱等感觉，而在色彩的审美活动中，由于人的感情因素的作用，使得种种无生命的色彩披上感情的外衣，不同的人对色彩有不同的理解。这往往受到诸多因素的影响，比如，年龄、性别、地域文化、个人偏好及社会地位等。日本色彩研究所曾对 800 名成年人进行了调查发现，成年男性喜爱绿、蓝、青系列的各色，而女性喜爱黑、青紫、紫、紫红、红系列的各色，高纯度或低明度的颜色则受到青年人的喜爱。值得设计师注意的是，从某个角度讲，虽然色彩的特殊美感性是色彩用于美化生活的最主要原因，但是，色彩一旦离开了形，就再也无法生存，也不会具备美的价值。因此，我们说色彩是依附于形体而存在的，形和色是不可分割的整体。色彩只有通过形态造型这一途径才能实现其价值和作用，无论是平面设计、产品设计，抑或是环境艺术设计，只有在形态设计的基础上，设计师才能充分发挥自身对色彩的想象力。从这一角度来说，色彩也受到了形态的影响。表 2-1 所示，为不同色彩作用于人所产生的不同联想。

表 2-1　色彩的联想情感对比

色彩的联想		
	抽象联想	具体联想
红	热情、革命、危险	火、血、口红、苹果
橙	华美、温情、嫉妒	橘、柿、炎、秋
黄	光明、幸福、快乐	光、柠檬、香蕉
绿	和平、安全、成长	叶、田园、森林
蓝	沉静、理想、悠久	天空、海、南国
紫	优美、高贵、神秘	紫罗兰、葡萄
白	洁白、神圣、虚无	雪、砂糖、白云
灰	平凡、忧郁、忧恐	阴天、老鼠、铅
黑	严肃、死灰、罪恶	夜、墨、煤炭

另外，色彩的设计方案应该是多元化的、多方位的和多角度的，也就是说，要从多方面来反映人们感受色彩的心理。以产品的色彩设计如何适应人的生理和心理需要为基础，来解决情感心理的舒适感问题，从而使人们的各种需要和产品的色彩设计联系在一起。

为了满足年轻人的品位，厂家纷纷推出了"时装型"的消费产品。例如，具有活泼色彩设计的电话机、洗衣机、微波炉、旅行锅等，许多产品都采用了淡粉色等低纯度的色彩，不会太张扬，从某种程度上减轻了使用者的视觉疲劳，让人感觉得到了更多的释放。此类色彩迎合了女性的心理，顺应了她们对可爱、乖巧产品的需求，满足了她们的情感需要，是产品色彩与用户情感完美结合的经典案例，如图 2-14 所示。

另外，在目前的设计中，出现了色彩吻合其应用和产品目标市场的趋势。比如，针对充满梦想与动感活力的年轻市场，在设计中大胆运用色彩，则成为满足年轻人求趣心理的重要设计手段。考虑此类人群的色彩心理需求，在产品设计中可以大胆突破刻板、老套的色彩选择，使用户为之一振，并豁然开朗——原来电视机、电冰箱、电脑等高科技产品也可以是彩色的，甚至连小家电都可以是五彩斑斓的，如图 2-15 所示。针对稳重的人群，相应的产品设计多以黑、白、灰等中性色彩为表达手段，体现出冷静、理性的产品设计特色，如图 2-16 为色彩较为稳重的厨电产品设计。

图 2-14　空气炸锅系列色彩

图2-15　美的积木系列厨电产品

图2-16　厨电产品设计

2.3.2 色彩的审美经验

我们长期生活在一个色彩的世界里，色彩在人们的社会生产、生活活动中具有十分重要的意义，色彩在建筑、城市规划、化工、汽车制造、家电产品、家具、服装、商品、医疗设备等领域都有广泛的应用。在设计心理学中，正能量的色彩能减轻疲劳，给人带来兴奋、愉快、舒适的感受，提高工作效率。每个视觉正常的人从外界接收的信息 90% 都来自视觉。且在认知世界时，视觉中最重要的因素就是色彩。人类对色彩的反应存在于我们的基因里，根据实验心理学的研究，当婴儿 2 ~ 6 个月时，就有了色觉。出生后 12 个月，婴儿似乎对所有的色彩都有了感觉。色觉的成熟期是 10 岁左右，15 ~ 20 岁是一生中辨色力的黄金时代。随着年龄的增长，由于人眼水晶体黄色素的增加，30岁后的色觉开始减弱，50 岁后色觉变化更为显著。

人们对色彩的偏好受年龄、性别、种族、地区的影响，同时，也受到文化和生活经历的影响。有资料表明，美国人普遍偏爱白、红、黄三色；英国人对色彩的偏好程度的顺序是青、绿、红、黄、黑；而红色在中国人的色彩认知中普遍象征喜庆、热闹、幸福等，是传统的节日颜色。有些色彩学家还认为，色彩心理与地区有关。处于南半球的人容易接受自然的变化，喜欢强烈的、高纯度的、鲜明的色彩；处于北半球的人对自然的变化比较迟钝，喜欢柔和的色调。在西方文化中，蓝色被广泛视为男性的颜色，而粉红色则被视为女性的颜色。然而在中国传统文化中，红色则是喜庆和吉祥的代表色彩。

1）色彩的心理作用

色彩心理是人们对客观色彩产生的主观心理。不同波长的光作用于人的眼睛后，人在产生色感的同时，大脑也产生某种情感的心理活动，同时可能还会有色彩生理反应产生。色彩心理与色彩生理是同时进行的，它们之间既互相联系又互相制约。在红色环境中，由于红色刺激性强，使人血脉加强、血压升高，物理温度虽然正常，却感到发热。长时间的红光刺激，会使人心理上产生烦躁不安，生理上需要绿色来补充，以达到生理与心理的平衡。根据实验心理学的研究，人们在生理和心理上形成的色彩感觉有许多共同点。

（1）色的冷暖感

红、橙、黄色使人联想到太阳、火焰，因此，这几种色彩常给人温暖的感觉；蓝、青色常使人想到天空、大海、冰雾的阴影，常给人寒冷的感觉。靠近红色调的色彩都有暖感，靠近蓝色调的色彩都有冷感。色彩的纯度越高越有暖感，纯度越低越有冷感，无色系里的白为冷感，黑为暖感，灰为中性。炎热的夏季，冷饮店的门前装饰都用白色或淡蓝色，显得清洁凉爽，更容易吸引顾客。

（2）色的轻重感

颜色的明度不同，给人的轻重感也不同。这是因为，看到明度高的颜色，人们总是联想到轻盈的云彩、白色的泡沫等生活中常遇到的事物，在这样一种类比的心理作用下，心理就会感觉明度高的物体其密度就小。有一个著名的搬箱子的例子，把完全相同的箱子外表涂上不同明度的色彩，人们会感觉明度较高的箱子比明度低的箱子要轻，工人的工作效率也会呈现出不同的结果，明度高的效率要明显高一些。在公交车车身的色彩设计上，通常把车身的下部涂以明度较低的色彩，以此使得公众感觉公交车车身的重心位于车身的中下部，增加公众心理上的安全感。

（3）色的膨胀收缩感

由于光的波长不同，在视网膜上形成的影像清晰程度也不同，波长较长的暖色系在视网膜上的影像具有扩散性，影像模糊，所以暖色具有膨胀感，而冷色波长较短，影像清晰，有收缩感，同样大的一块红色与蓝色物体，感觉红色的面积要比蓝色的大。色彩的膨胀收缩感还与明度有关。明度高的显得膨胀，明度低的显得收缩。在女性服装的设计中，往往黑色系的服装具有明显的收缩感，白色系的服装具有明显的膨胀感。许多较胖的女生喜欢穿黑色的衣服，可能并不是因为她真喜欢黑色，而是黑色能使她看起来更加苗条。

（4）色的软硬感

颜色的软硬感主要与明度有关，通常明度较高的显得软，明度较低就显得硬。乳白色是一种明显的软色，而纯白色就是一种硬色。

（5）色的明快与忧郁感

明亮而鲜艳的颜色使人们感到明快，暗而混沌的颜色使人感到忧郁。纯度低的色显得忧郁，随着纯度的提高会越来越明快活泼，尤其是纯色，具有强烈的明快感。节日的装饰多用纯色，以突出明快的氛围，如在中国节日期间，使用纯度极高的大红色来表达喜庆。儿童的服装多用纯色，以凸显活泼。英国泰晤士河的甫拉克符拉亚斯桥，该桥的栏杆曾用阴郁的黑色，有一种诱人自戕的气氛，是著名的自杀场所。后来，官方将桥栏杆换成了浅绿色，据说后来自杀的人数减少了2/3。

（6）色的兴奋与恬静感

色彩的兴奋与恬静与色彩的明度、色相、纯度都有关系，特别是纯度。在色相方面，偏红、橙的暖色系能给人以兴奋感，偏蓝、青的冷色系能给人以恬静感。在明度方面，明度高的给人以兴奋感，明度低的给人以恬静感。在纯度方面，纯度高的给人以兴奋感，纯度低的给人以恬静感。在医院环境的色彩设计上，应该尽量使用能让患者产生宁静感的色彩。如蓝色、绿色等。

在一些娱乐场所的色彩应用上，则应多用能使人感到兴奋的色彩，如红色、橙色、黄色等。

（7）色的华丽和质朴感

纯度对色彩的华丽与质朴感受是影响最大的，其次是明度，再次是色相。凡是鲜艳而明亮的颜色都有华丽感，在色相方面，红、红紫都能给人以华丽感，黄绿、蓝等具有质朴感。

（8）色的进退感

不同的色彩给人的距离感不同，纯度高、鲜艳的颜色使人感到近，而纯度低、混浊的颜色使人感到远。万绿丛中一点红，这一点红十分抢眼，让人感觉它是在逼迫你；而如果是万绿丛中一点蓝，那就不会达到这种效果，因为蓝色给人的感觉是遥远。通常，我们将具有前进感的颜色叫作前进色，具有后退感的颜色叫作后退色。

（9）色的味觉感

美好的色彩总让我们联想到甜美的事物，容易引起我们的食欲，而产生甜美的味觉；脏乱的色彩总让我们联想到肮脏的东西，影响食欲，从而产生苦涩的味觉。实验心理学表明，甜的感觉是黄、白、乳白、桃红等；酸味的感觉是绿、蓝；苦味的感觉是黑、土黄、棕黑色等；辣味的感觉是辣椒的红色，涩味的感觉是褐灰色。

色彩在产品设计中的应用主要是利用色彩的联想性。针对我们所要进行的设计项目，有目的地选择产品的颜色，并进行组织。要用色彩去描述产品的功能性，让满足在选购产品时消费者一种认知心理，从而提升产品在消费者心里的形象，达到让消费者最终选择本产品的目的。当然，对于不同的产品，其色彩的方案肯定不同。在具体的项目中，需要考虑产品色彩与使用环境的关系、与人的关系以及产品本身的属性。

2）家居产品的色彩设计

现代家居产品的设计特别强调以人为本的设计，在这里我们将探讨色彩设计在不同产品中的合理性。图 2-17 是由意大利百年家具设计品牌波尔托那·弗劳发表的一份色彩研究报告——色球，代表了意大利 2020—2021 年室内设计色彩趋势。其实，色彩趋势在每年都会有新的变化，做设计要善于发现并掌握最新的流行色趋势。

比如，在最常见的家具设计中，办公室家具色彩设计要求色彩更加单纯、简洁、明快、协调，因为纯度较高或配色对比强烈的色彩都会吸引人的注意力，影响工作效率，严重的将干扰正常的工作秩序，所以，色性多采用冷色调，以便为员工创造冷静、理智的工作环境。会议室家具的色彩设计需求简洁、明快、庄重，家具的陈设布置风格也应高雅，选择具有一定凝聚力、深沉的色彩。在公用休闲家具的色彩设计中，可以选用较华丽、明快的色彩，适度的色彩刺激可以消除工作人员的疲劳和精神紧张，如图2-18所示。

　　一般家用家具包括沙发、桌椅、茶几、电视柜、写字台、衣橱、床等，相对而言，则款式新颖，风格多样。根据放置空间的大小，家具的色彩设计有所不同。如放置在狭小空间的家具款式，色彩多采用明度较高的米黄色、紫灰色、粉红色、浅棕色、木料原色等，加上清漆蜡面、亚光处理，使其具有高雅、舒适、轻便、明快、扩大空间的感觉；放置在较大空间中的家具，可选用中明度、高彩度的色彩，如橙红色、中黄色、翠绿色、蓝色等。

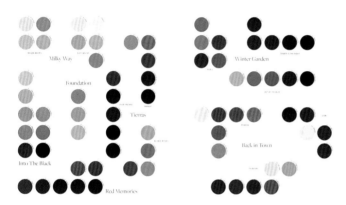

图 2-17　色球（Color Sphere）

图 2-18　维纳·潘顿设计的潘顿椅（Panton Chair）

再比如学校课桌椅的色彩，多选用中间明度含灰色调的。色彩设计时，要根据学生的年龄层次、教学内容、教学形式等因素的不同而进行合理搭配。幼儿园儿童课桌椅的色彩多采用纯度较高、天真活泼的暖色调；高年级教室课桌椅的色彩多选用宁静、明快，且有助思考的冷色调；对于专用教室的色彩选择又有所不同，如美术、音乐教室的色彩，多采用对比的暖色调，以营造出欢快的气氛。为了保证教室的明亮宽敞，也应同时考虑室内整体的色彩环境，如天棚的色彩多采用白色，墙面采用淡米色、淡蓝色、淡灰绿色，能给人以清新、淡雅、明快之感，地面色彩一般采用中间灰度的色彩。图书室桌椅的色彩常选用明度较高的暖黄、灰绿、灰蓝等中性色调，以构成图书馆宁静、幽雅的环境。

3）工业设备的色彩设计

在工业设备的色彩设计中，应综合考虑加工物体、机械设备、室内环境、操作者等几方面的内容。

对于体积比较笨重的机械设备，如图 2-19 所示的工程车，在进行色彩设计时，应尽量采用明度较高的亮色系来涂色，比如，橙色、黄色、绿色等，以减轻操作者心理上的沉重感和压抑感。

对机器中的主要控制开关、制动、消防、配电、急救、启动、关闭、易燃、易爆等标志进行色彩设计时，应用对比色来突显它们的位置及含义，并要符合国家通用标准。这样便于操作者在工作中的知觉识别，以提高工作效率。在紧急情况下，也能及时、准确地排除故障，确保安全生产。

为了避免眼睛因明暗变化带来的误差和注意力的分散，在对工业机械设备进行色彩设计时，还应该考虑操作台面、加工物以及室内环境的色彩调和、对比设计等。在设计机械设备的操作台面及加工物的色彩时，两者应该保持一定的色彩对比度，以保证操作工人对加工物的视觉敏锐度。

对于室内空间的工业设备中，在色彩设计时，可根据加工方式的不同调整色调，如在冷加工的车间里，室内环境可采用暖色调的色彩，而在热加工车间就可采用冷色调，通过色彩的冷暖感来调节工作人员的心理温度。

4）交通工具的色彩设计

城市交通和我们的生活密切相关，交通工具作为城市环境色彩的一部分，其本身就具有个性，在色彩设计时，还应根据每个城市的气候变化、地理环境、文化历史、自然风土、风俗习惯等选用适宜的色彩。比如，我国南方城市的交通工具多喜欢使用冷色基调，北方城市多运用暖色基调，这就和气候有很大关系。

特殊行业交通工具的法定色彩，除了以便识别外，还有很多有关色彩的视觉心理的应用。如图 2-20 所示，人们常接触的邮政货运飞机的主色调为黄色，是利用黄色能给人带来的热情、活力、高效视觉感受；医院救护车使用的白色，也是突出白色带有宁静的视觉感受；飞机使用的高明度银白色，给人以轻盈、精细的感觉，试想如果使用黑色，则很容易让人怀疑它笨重得能否飞起来；还有军用装甲车的迷彩色，是与自然中色彩调和的结果，达到降低视觉识别，形成保护色的目的。

图 2-19 沃尔沃工程车

图 2-20 中国邮政快递飞机配色

2.4　产品形态设计中的材料、质感、肌理

产品设计是一门艺术与科学交叉融合且具有较强应用性的学科，是人类生活中的需求与目的、材料的工艺结构、技术的原理组合、造型审美形式等多重因素共同构成的一个完整的系统，不可分割。因此，与其相关的材料、质感、肌理是表现产品形态情感的基础和重要表达因素。

2.4.1　设计材料

1980 年前后，日本机械技术研究所的岛村昭治提出材料的发展历史可划分为以下五代。

第一代材料：石器时代的木片、石器、骨器等天然材料。

第二代材料：陶、青铜和铁等从矿物中提炼出来的材料。

第三代材料：高分子材料，原料主要从石油、煤等矿物资源中来。

第四代材料：复合材料。

第五代材料：特征随环境和时间而变化的复合材料。即它能检测到材料受环境变化引起的破坏作用，随即做出相应的反应。这类材料又可分为两类，即对于外界刺激引起的破坏向补强的方向变化（补强型）和废弃后迅速分解还原为初始材料向易于再生的方向变化（降解型）。这是一类智能型材料，开始出现于 20 世纪 40 年代，代表了未来材料开发的趋向。

一方面，对材料的分类，如图 2-21 所示，通常是按材料的组成、结构特点进行划分的，如金属材料、无机非金属材料、无机材料、有机高分子材料、合成高分子材料和复合材料。这种分类方法是依据化学键的不同，如金属键、离子键、共价键在三种不同材料组成结构上的独特表现。有些材料，如半导体材料和磁性材料则介于金属材料与无机材料之间，至于有机材料的应用，也逐渐从天然材料改用合成高分子材料。

另一方面，可以按加工程度来分设计用材料，一般分为天然材料、加工材料与人造材料三种。

1）天然材料

天然材料是指不改变材料原本所有的自然特性或只进行低度加工的材料。这类材料以天然存在的有机材料为主，如竹、木（图 2-22）、棉、毛、皮革以及天然存在的无机材料，如黏土、矿石、化石、宝石、熔岩、火山灰、金属、大理石、水晶、煤、金刚石、硫黄、金砂矿等。

2）加工材料

加工材料是指介于天然材料和人造材料之间，需要经过不同程度人为加工的材料。加工度从低至高的材料有胶合板（如图2-23）、细木工板、纸张、黏胶纤维与玻璃纸等。

3）人造材料

人造材料是指人为创造的材料。主要有两大部分：一是以天然材料为蓝本所制造的人造材料，如人造皮革、人造大理石、人造象牙、人造水晶、人造钻石等，如图2-24所示；二是利用化学反应制成的在自然界中不存在或几乎不存在的材料，如金属合金、塑料与玻璃等。

为了便于加工和使用方便，设计用材往往事先制成一定的形状，按这些形状可分为颗粒材料、线状材料（包括线状与纤维状）、面状材料（包括膜、箔）以及块状材料，如图2-25、图2-26所示。如设计中常用的线状材料有钢管、钢丝、铝管、金属棒、塑料管、塑料棒、木条、竹条、藤条等。

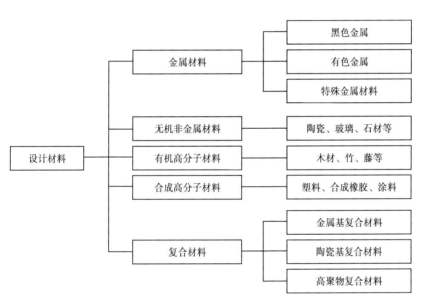

图 2-21　材料的分类

2-22 天然木材

图 2-23 胶合板

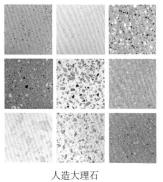

人造大理石

人造水晶

人造皮革

图 2-24 人造材料

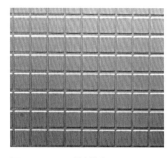

图 2-25 面状材料

图 2-26 块状材料

2.4.2　产品设计的质感与肌理

设计美不同于自然美、艺术美，它是多种因素有机统一、协调的结果，属于社会类范畴。质感设计的抽象形式美的基本法则，实质上就是各种材质有规律组合的基本法则，它不是凝固不变的，而是一个从简单到复杂、从低级到高级的过程。

1）质感与肌理

材料是产品存在的物质基础，在产品形态的表现中，每种材料都有其特定的材质，材质会给人带来审美感觉，这一要素称为质感。质感是对不同物象用不同技巧所表现把握的真实感，是物体表面材料产生的一种特殊品质，是物体表面的组织构造，是不同物态（如固态、液态、气态）的特质给视觉或触觉带来的感觉。

不同质感给人软硬、虚实、滑涩、韧脆、透明与浑浊等不同感觉，一般可归纳为粗犷与精细、温暖与寒冷、华丽与朴素、沉重与轻巧、浑厚与单薄、坚硬与柔软、迟钝与锋利、含蓄与直率等基本感觉形态，如图 2-27 所示。

肌理是指物体表面的组织纹理结构，即各种纵横交错、高低不平、粗糙平滑的纹理变化，是表达人对设计物表面纹理特征的感受。肌理是人类操作行为所产生的物体表面效果，在视触觉中加入了某些想象的心理感受。肌理的创造更强调造型性，肌理的美是动态的、艺匠的、智慧的。

一般来说，肌理与质感含义相近。从设计的形式因素来说，当肌理与质感相联系时，它一方面作为材料的表现形式被人们所感受，另一方面，则体现在通过先进的工艺手法，创造新的肌理形态。不同的材质、不同的工艺可以产生各种不同的肌理效果，并能创造出不同的外在造型形式。

不同材质的质感或肌理，可以给人不同的情绪感受。粗糙无光时，显得稳重、含蓄、温和；细腻光滑时，显得轻快、活泼、洁净；质地柔软时，显得友善、可爱、诱人；质地坚硬时，显得厚重、排斥、醒目。如图 2-28 所示。

2）视觉质感与触觉质感

质感可以分为视觉质感和触觉质感。不需触觉，只靠视觉就能充分观察的质感，称为视觉质感；需要实际接触的质感，称为触觉质感。

视觉质感受尺度大小、视距远近、光线强弱等多种因素影响，可使人们对质地的感受和它所覆盖的表面感受有所不同，一般需要配合光、色、形等视觉要素分析，才能获得最佳效果。而触觉感受是真实的，可感觉出材质的粗细、疏密、轻重、凹凸、冷暖、粗滑等，如图 2-29 所示。

通常触觉质感均能给人以视觉感受，但视觉质感无法直接给人触觉感受，而是由视觉感受引起触觉经验的联想来产生触觉质感。因此，质感是人们触觉和视觉紧密交织在一起而感受到的设计感知。

"幽灵椅" Ghost

华为运动手表设计

图 2-27　质感的表现

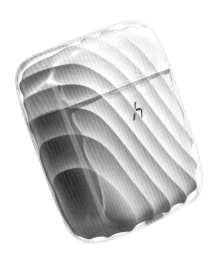

哈氪零度蓝牙耳机

罗技 MX Vertical 垂直鼠标

图 2-28　质感与肌理的示例

图 2-29　视觉质感与触觉质感的实例图

3）肌理与形态

大自然中的任何物体都是有表面的，而所有表面都是有特定肌理的。天然材料的表面和不同方式形成的切面都有千变万化的不同肌理，这是我们形态设计取之不尽的创作源泉。

除此以外，还有人为的肌理形式。即经过人力加工开发出来的千变万化的肌理形式。尤其是高科技的发展，为创造更多更美的新肌理形式提供了理想的手段和开发前景。例如，光构成的出现，可以通过光的变化和高速摄影技术的配合创造出奇异的、意想不到的独特肌理形式，这一成果已开始用于平面设计领域。

肌理不是单纯存在的，它从属于形态。在视觉设计中，肌理可以增强形态的立体感。将不同的肌理应用于形体的不同表面，可以形成空间层次感，即使是在漫反射光时，仍能形成较强的立体感；此外，肌理在设计形态构成中，还丰富形态给人的感觉，不同肌理的使用能够大大丰富形体表面的含义；在使用期间，肌理还可以传达形态的功能，人们往往赋予肌理语言的能力，通过材料表面纹理方向的加工来提示使用者的操作，肌理的功能还在于增强材料的实际强度和硬度。如图 2-30 所示，天然竹材的纹理，给人以柔和、质朴的感觉；图 2-31 所示，金属加工形成的纹理，产生硬朗锋利的感觉。

陈宽：单臂竹椅设计

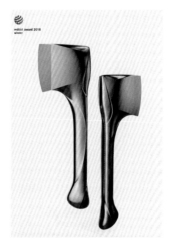

托尼崔（中国香港）：斧头设计

图 2-30　肌理与形态的示例

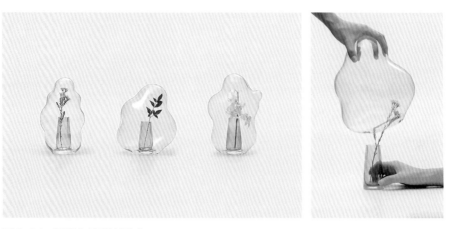

图 2-31　透明化处理的质感

由上可见，质感设计在产品设计中具有重要的地位和作用。在设计时，不能把触觉质感同视觉质感分开，而是要将两种质感看作一个整体融入产品设计过程。既要有很好的视觉质感，也要保证良好的触觉质感，使两种质感发挥各自的作用，从而使产品呈现、优美、丰富的外观效果。

2.5　产品形态设计要素的综合审美与应用实例

2.5.1　点构成的产品

图 2-32 是外观为光泽度极好的 ABS 塑料彩色酒架，酒架中点的运用一方面是要实现放置红酒的功能，另一方面，点排列的运用体现了良好的韵律感。

2.5.2　线构成的产品

图 2-33 是采用了天然材料制作的置物架，采用了轻松的线元素，给人以柔和、亲切、安全的触觉质感。

图 2-34 的瓷器设计运用了色彩丰富的线条，装饰成鲜艳夺目的彩色瓷器，呈现出绚烂的质感效果；同时，线条元素的大胆运用也使整个设计更加生动，洋溢着活力。图 2-35 所示 Skelton 系列餐具是佐藤大设计的一套可以"挂"的餐具，体现了他对线元素的独到理解，运用线与面的配合使产品产生了新的功能。

图 2-32　ABS 树脂（材质）彩色酒架

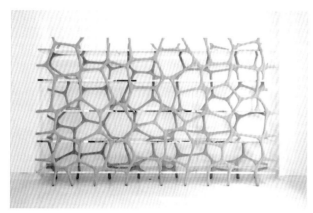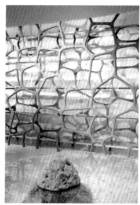

图 2-33　由线元素构成的置物架设计

图 2-34　彩虹般绚丽的餐具　　　　　图 2-35　Skelton 餐具系列——佐藤
　　　　　　　　　　　　　　　　　　　　　　大设计

2.5.3　面构成的产品

面元素可以比较自由地表达产品设计师构思的艺术形象，且在加工中可采用整体化的成型方式，应用一次成型工艺来生产，过程十分简便且产品形态优美。如图2-36所示，采用面材料制作的一次成型的椅子与台灯，其形态起伏具有优美造型。

2.5.4　体构成的产品

体的体现是点、线、面的集合，它通过点的活泼、生动感，以及不同的线条形式走向表现不同产品的特征，由点和线通过切割、组合构成面又由不同的面拼合成为体。每个产品都是一个体的不同形式的展示。如图2-37所示，Hoyo电钻设计巧妙运用面的拼合，用弧形线条表现形体的动感与张力，敦厚的外形具有男性的阳刚之美，同时也符合人机工学中持握状态，使整个使用过程舒适轻松。

2.5.5　设计中材料质感的替代

现代产品设计中，有利用其他材料来仿制和填补天然材料的趋势。例如，将塑料经过表面电镀处理来模仿金属效果，以此维持人们对传统材料的感觉，这种现象也称为"借壳现象"，乔治·巴萨拉（George Basalla.USA）在其专著《技术发展简史》中阐述了这一观点。

当今市场上，采用塑料为主要材质的很多产品都通过表面处理来模仿其他材料。这些塑料产品在大多情况下总是被赋予如陶瓷、金属等传统材料一样的外观。这种仿制不仅是视觉和功能上的需要，有时也是一种心理上的需要。在现代设计中，为了使产品外形达到某种视觉或功能效果，对材料的选择余地大增。透明的不一定使用玻璃，坚硬的也不一定非要用金属，（塑料由于特性上的多样性、工艺上的方便性使其在很多情况下能代替它们）。如图2-38所示，这是一个看起来类似陶罐的塑料容器，其质量远小于同等大小的陶罐。虽然它是塑料材质，但在质感语言上保留了陶瓷的特征。

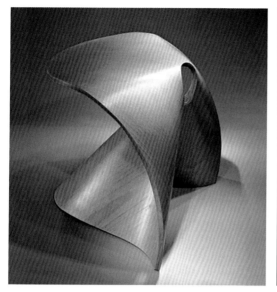

图 2-36　面构成的产品

图 2-37　Hoyo 电钻

图 2-38　类似陶罐的塑料罐子

课后思考:

　　1. 在形态设计练习中怎样运用点、线、面、体来表现产品的形与态。

　　2. 结合市场实例分析产品设计中色彩的运用对产品形态感知的差别。

　　3. 列举材料中质感与肌理对不同产品体现的差异性。

3 | 形态客观风格和主观心理感受

产品形态风格是产品设计的重要外在表现之一，既是设计师内心的感受和对设计目标的理解，也是设计功能本身与设计对象喜好感受的外在表达。形态风格属于一种艺术设计风格，与一般意义上所谓的产品整体形象风格有所不同。形态风格从艺术设计的角度，可理解为在艺术设计实践中形成的某种相对稳定的、明显的、具有独立特征的艺术风貌、特色、作风、格调。一件外表硬朗的雕塑作品，客观上表现为线条过度的鲜明和层次清晰，而观者往往会从中产生硬朗、力量、强大等不同的心理感受，有时还会因为观者不同的知识背景、不同的阅历背景，使产生的印象存在较大差异。在构思产品的形态造型时，我们既要关注形态本体的客观风格，更要让此造型给予用户（目标人群）可能的主观心理感受。如联想的 Thinkpad 系列笔记本电脑的硬朗风格与惠普笔记本电脑的圆润造型风格相比，同是功能类似的便携电脑，造型设计却大相径庭。此既是品牌对设计的定义和造型风格的预设，也是该品牌目标消费人群对产品造型的一种心理交互。对产品品质有所追求的人，往往希望在产品外表上看起来也会是可靠、肯定、清晰、持久耐用的风格，而追求时尚变化的人们有些希望购买到外表造型流畅、整体圆润、色彩材质炫目的产品。

因此，在产品设计过程中，产品造型形态的客观存在风格与观者的主观心理感受是一组对立统一的矛盾体。从造型上看，产品设计的重要工作之一就是将形态客观风格与目标人群的主观心理感受匹配起来。既要选择"合适"的外观造型，也需关注该类造型让人产生的主观感受。一件优秀的产品设计，其鲜明的外在造型风格往往蕴含着设计师对产品与用户的综合思考和理解。形态风格在外观特征鲜明的产品类别中尤其得到充分的体现，如汽车造型设计、飞行器造型设计、家电产品造型设计、手机造型设计、音响产品造型设计等。同时，形态风格也是学习者较为喜欢观察与研究的对象。

3.1　硬朗感

在形态风格类型中，硬朗感属于风格鲜明且特点明显的类型，从而容易识别。从客观形态方面看，硬朗的形态特征表现为外表造型切面清晰、棱角分明，如切割的钻石、金属加工的产品、军工用品等。这种形态类型给人以强烈的硬朗力度感觉，犹如经快刀切削而成。从主观心理感受看，硬朗感的造型容易给人以一种刚强、果断、强悍的心理暗示，同时，也使人联想到特定的文化特征与较高的产品品质。从性格偏向看，这种风格具有男性化的倾向。

在产品设计中，此类造型风格多用于表面整体感较强的设计中，即实体或封闭的曲面体，而非存在开放空间的形态中。主要运用在如整体建筑造型、汽车造型、电脑机箱、多媒体音响等产品中。此类产品表现出曲面的整体感和完整性，硬朗感的造型风格可在产品外部表现得淋漓尽致，如图 3-1 所示的某品牌汽车就具有这样硬朗的造型语言，给观者以力量与高品质的心理感受。

图 3-2 是某品牌汽车用斗牛的名字来命名的跑车，形态源于一头公牛，并且是西班牙斗牛界中最勇猛的斗牛之一，这点从它极具攻击性的车身外观就可以看出。作为一款超级跑车，它的外形设计绝对出类拔萃。该汽车整个车身完全就是由折线构成，同时，运用了许多多边形面，尤其是前脸的多边形设计，冲击感极强。

图 3-1　某品牌汽车硬朗的造型语言

图 3-2　某品牌汽车外观造型整体设计风格

图 3-3 至图 3-5 是硬朗线条在数码家电类产品造型中的运用，图 3-6 是具有硬朗线条的家具设计，图 3-7 至图 3-10 是硬朗感形态在建筑及环境艺术设计中的运用，它们无一不传递出果断、阳刚、整体的硬朗感。

形态特点概括与设计思考：

形态特点：外观突出鲜明的线，保持棱角清晰，具有鲜明的面型轮廓，常运用三角形、梯形等面型。

手绘表达技巧：利用快速干脆的线条进行叠加，明暗处理上强调曲面清晰的过渡线，表面多以梯形或多边形面来表达。

形态创意灵感来源：水晶石、钻石、金属制品以及具有力量感、硬朗感的图片。

难点：面型过渡以及边界的处理。

图 3-3　电脑机箱造型　　　图 3-4　某品牌手机造型风格
　　　　设计中的硬朗
　　　　风格

图 3-5　IBM z16 集成处理器的硬朗线条体现出男性化风格

图 3-6　意大利某品牌的椅子设计体现出独特造型风格，其造型上硬朗的线与面的运用
　　　　使产品具有明快干脆的逻辑美感

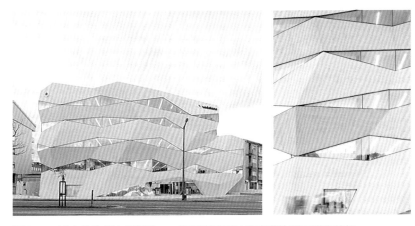

图 3-7　某企业总部大厦设计——外景利用了快速干脆的线面进行叠加

图 3-8　某企业总部大厦设计——内景利用了快速干脆的线面进行叠加

图 3-9　造型风格硬朗的上海世博会德国馆外观　　图 3-10　造型风格硬朗的上海世博会德国馆局部

3.2　动感

　　动感是设计师永恒的设计语言，具有动感的物体能给人以生命力的象征，因为生命本身就在于运动。动感、流线型、流动感的形态在视觉上也容易获得注意。设计中，通过曲面的起伏、线条的倾斜与方向变化、面型的扭曲、形态的节奏错落、空间的层次变幻等手法均可产生动感。

　　如图 3-11 至图 3-13 所示的汽车造型设计与图 3-14 所示的游艇外观造型设计中，大多曲线造型均采用了不平行角度，从而形成起伏变化的曲面，产生动感风格。

　　动感风格可给人以激情向上的刺激，在视觉艺术类别中，动感的元素广受青睐，带有动感的设计具有较强的吸引力。设计表现手法上，利用动态的线条、起伏的曲面、叠加错落的个体都可以体现动感的风格。另外，在曲面形态中，表面突出生命感和圆润曲面感的形态一般称为"有机曲面形态"。有机曲面的形态也体现出生命的动感，不过，没有那么明显、快速的感觉，如生长的豆芽，其形态隐喻的是缓慢持久的另一种动感，如图 3-15、图 3-16 所示。

　　形态特点概括与设计思考：

　　形态特点：具有动态的流线线条、变化丰富的三维面型以及空气动力感。

　　手绘表达技巧：利用连贯的曲线或短促错落的曲线进行叠加，表现出柔和起伏的曲面以及非平行的主线趋势。

　　形态创意灵感来源：流动的水，随风变化的事物，具有生命感的形态，具有运动肌理的事物。

　　难点：避免曲线过于柔软无力，注意动感风格的设计目的的准确性。

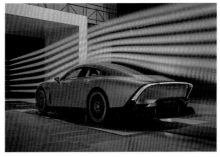

图 3-11 体现动感的流线型车身设计——奔驰 Vision EQXX

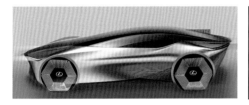

图 3-12 某品牌车身造型设计

图 3-13 蔚来概念车设计——体现空气与汽车的交互动感理念

图 3-14 扎哈·哈迪德以流体动力学和水下生态系统为设计依据的超级游艇概念设计

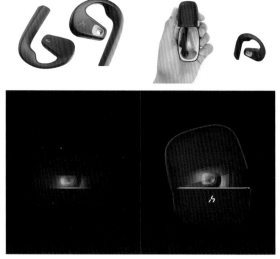

图 3-15　有机动感曲面形态的罗技游戏手柄　　　　图 3-16　突出有机曲线感的耳机设计

3.3　体量感与厚实感

　　体量感、厚实感属于较直观的形态风格类型，形态设计中的体量感可简单理解为体积感、重量感、区域感、数量感、尺度感等，在视觉上以大的量化尺度给人以心理上的分量。体积越大的产品体量感越强，宽度越大的产品则厚实感越强。在设计表现过程中，往往通过形态尺度、色彩张力、肌理分量、材料质感等因素进行设计应用，从而表现产品的体量感。如图 3-17 所示的比亚迪仰望 U8 越野车外观设计中，引擎盖的边缘设计采用较宽的收边，保险杠、腰线均采用宽大厚实的形态面型，视觉上明显能给人一种厚重、沉稳、扎实的联想，这也迎合了该品牌硬派越野性能的设计理念。如图 3-18、图 3-19 所示的汽车设计，轮胎上沿翼板的设计采用宽面元素，增加了汽车厚实的体量感。

　　形态特点概括与设计思考：

　　形态特点：在尺寸上给人以冲击力，突出厚实、宽大的特点。

　　手绘表达技巧：利用宽大厚实的尺度比例和粗犷的线条。

　　形态创意灵感来源：石头，机械感产品，尺寸较大的事物，体验感大的事物。

　　难点：应该避免形态层次过多，注意尺度的相对比例，避免产生笨重呆板的感觉。

图 3-17　比亚迪仰望 U8 高端硬派越野车

图 3-18　利用宽厚尺度突出车身的厚重感

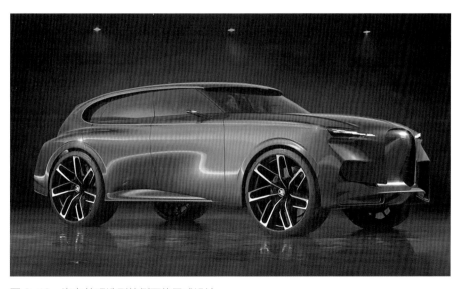

图 3-19　汽车外观造型的侧面体量感设计

3.4　精致科技感与未来科技感

科技感是电子消费产品市场最热门的词汇，商家千方百计地通过色彩、灯光、材质、造型等设计元素体现产品的科技含量，以吸引消费者。经过多年的发展，具有科技感的消费类电子产品普遍受到消费者的青睐。科技感大致可分为精致科技感与未来科技感两种形态风格。从市面上出现的具有科技感的产品设计中可以概况出具有一定规律的科技感设计手法。

第一，精致科技感的产品设计，造型层次丰富，细节造型过渡变化样式较多。比如，凹凸镶边等手法的运用，产品界面中按键的边缘，正面与侧面的连接位置，功能区域的边界等均可运用。色彩上多以银色和黑色为主色，配以精致的电镀边与嵌件，有时配以灯光装饰，使产品呈现出科技美感，如图3-20至图3-22所示。

第二，未来科技感的产品设计，重视突出形态的有机风格和整体的圆润统一。突破现有产品"方盒子""六面体"的造型形态，外观造型连贯一体，在曲面边沿位置有意突出形态曲面的边界，同时，运用具有通透感、光洁感的材质，配以暗藏的微妙光线，若隐若现地体现"智能"的未来科技感。如图3-23、图3-24中产品形态传达出未知、简洁、具有灵气的未来科技感。

形态特点概括与设计思考：

形态特点：具有精致细微的造型层次，多以银色与黑色为主增加亮色镶边或配以灯光，使用有机形态突破"方盒子"外观格局，形成具有整体感的形态。

手绘表达技巧：利用精致的造型层次增加设计元素细节，运用光感与亚光感的材质进行对比。

形态创意灵感来源：科技产品、科幻作品、自然界生物、海底生物等。

难点：应该避免形态层次过多，同时，注意突出主题的设计理念，避免产生烦琐的感觉。

图 3-20　突出科技感与精致感的遥控器设计

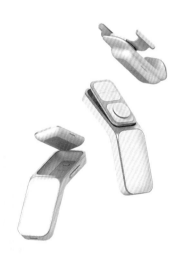

图 3-21　精致科技感的数码产品设
　　　　计　夹边与镶边的设计手
　　　　法在精致科技感的产品设
　　　　计中较为常用

图 3-22　突出科技寓意的精灵 #1 汽车外观造型设计　其边缘的处理
　　　　方式体现出精致的科技感

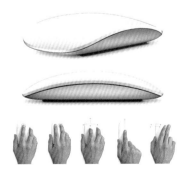
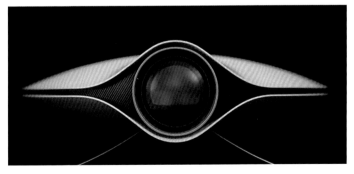

图 3-23　某品牌鼠标具有简练而灵
　　　　动的外观曲线，微妙的触
　　　　摸体验体现未来科技感

图 3-24　边线设计简练而灵动，突出科技产品的未来科技感

3.5　稳定感

稳定感是一种综合性较强的形态类型，从形态外表特征看，稳定感的形态呈现出均衡、稳定、文雅、内敛不张扬的特点。线条上平和稳定，曲面起伏温和，色彩素雅、不躁动。稳定感最明显的特点为均衡，均衡从语义上理解是以某个元素或位置为支点中心，以支点为中心的双方或多方保持视觉、寓意上的等量。对称是最简单的一种均衡，如左右基于中心对称，圆的四周基于中心对称。同时，均衡不纯粹是视觉上的形式，还需依靠相互作用的元素之间搭配与对比形成平衡感。稳定感不仅是静态的均衡，还可能是动态的均衡，是形态设计的重要风格之一。

稳定感的形态一般呈现出两种状态：一是客观相对的实体静态或动态；二是物体处于主观视觉中的稳定状态。客观的稳定可以通过量化的因素进行合理设计或评价，如重心的分析；而主观的视觉稳定则需要采用相对稳定的评价标准进行设计与评估。主观视觉的稳定与客观的稳定不一定相等，两者的中心点也不一定重合，这种差异正是设计可发挥的空间。客观与主观视觉稳定感都能给予人轻松、平和的美感，而动态的形态则给人以活动、跳跃、紧张和不安等感觉。

产品基础形态设计中，经推敲设计的造型整体元素应基于中心或者某个点形成视觉分量与心理感量上的平衡，即属于稳定感的设计应用。若通过数学分析，可将视觉与心理的这种分量进行量化，即转为"力矩"的概念。经量化的设计形态，可直观地判断设计的准确度，如左右尺度的等量、面积的等量、视觉大小的等量、形状的等量，甚至色彩的轻重与肌理轻重疏密的等量。

稳定感常用的形态创意手法有两种——协调统一与对比均衡。

协调统一是指形态元素相互协调以形成整体感、稳定感、一致感的处理手法。如以某个方向为标准，使形态的其他设计元素趋势保持一致。如图3–25所示整车设计语言"直线条"与外饰造型的细节元素保持着统一协同感，前脸、车大灯，以及各型面的处理都保持方向一致，形成整体感强、优雅稳重的设计形态。而色彩上采用沉稳大气的金属色，形成稳重深沉的视觉感。

对比均衡是获得稳定感形态的动态设计手法，对比原则在设计领域是产生差异、区别与变化的重要手法，在对比中求统一却是设计师不断追求的方向。造型设计上可利用元素的面积大小、线条宽窄、体量对比、肌理对比等实现均衡。某些手持产品，如手机侧面的设计，采用上大下小的微妙形态变化，产生对比而创造出视觉的稳定。

　　稳定感的形态类型在汽车设计中运用得较为突出，如图 3-26、图 3-27 所示汽车车型的设计，整体曲线的跨度及其弧度的比例基本统一，无论哪个面的曲线都是呈现出中间大致平行、两头稍微收敛的设计形式。因此，整体线条优雅大方、稳定感强。

图 3-25　某品牌汽车规整统一的线条与色彩的设计体现稳重感

图 3-26　线条舒展大气的红旗 H9 系列汽车外观设计　整体曲线的跨度及其弧度的比例基本统一

图 3-27　略带个性与张力的理想 L9 系列汽车外观设计

3.6　归属感与存在感

相对动感的张扬与表露，归属感与存在感体现出一种极高的自我精神的追求。归属感与存在感是一种综合性较强的风格类型，使消费者能在相应的设计中找到符合自己价值感的元素。

从马斯洛需求层次理论的分析来看，人的需求按照不同阶段的重要性分为若干层次。基本的生存生理的需求是衣食住行，人们在满足了较低层次的需求后，将会产生新的需求，基本层次以上包括生活、社交、尊重、自我价值实现、自我精神追求等，即消费群体从关注产品的物质功能转向关注感觉、文化、艺术感、形象价值感等精神功能。归属感、存在感的设计理念正是为了满足人们的精神价值追求。

根据个人的购买力水平人们可以自由选择自己心仪的产品，更大限度地追求自己的兴趣与情感价值，选择能体现自己身份、地位、品位、追求的商品。例如，图 3-28 的包装设计中恒定不变的品牌元素的运用，容易让人产生熟悉感和自身品位相符合的归属感。同时，消费者在特定的情况下会认为产品具有某种时尚、前卫、简洁、品质的感觉，或者能通过使用该产品体验到一种能获得满足感的高品质的生活方式。所以，在这个过程中，设计师需要深入地挖掘能让消费人群寻找到这种归属感的设计元素。如图 3-29 所示，汽车外观造型设计保持了一贯的优质品牌形态语言，能给消费者带来特有的社会满足感。

如图 3-30 所示为全世界著名的某品牌包装设计，该包装由建筑奇才——保罗·安德鲁从建筑中得到灵感设计而成。保罗·安德鲁的建筑设计风格向来以人文著称，这次保罗·安德鲁的设计灵感来源于桥梁的拱形建筑，他使瓶身的中心部分悬浮在整个环绕结构的中心，这样会显得瓶身更加轻盈。安德鲁说："干邑的酿造过程是一项创举，与建筑的设计有着微妙的联系与默契"。该包装以充盈着光感的简约设计来展现该品牌所独具的拱形瓶身，让具有独到鉴赏力与优雅睿智的人们能够透过该作品领略到该品牌卓尔不凡的品牌内涵与创新魅力。这就是设计向消费者传达出的品牌意识，能让消费者获得极高的自我精神追求。

因此，在设计的品牌寓意上，设计师需要将具有深厚思想内涵的价值赋予产品，以获取消费者的认可。同时，消费者也可以通过对产品的认识、对品牌的了解，选择符合自己归属感与存在感的产品。

图 3-28　恒定不变的品牌元素，容易让人记忆与熟悉

图 3-29　优雅从容，精道大气的汽车外观造型设计能给使用者带来特定的社会满足感

图 3-30　某品牌洋酒与著名建筑设计师安德鲁设计的新包装

形态特点概括与设计思考:

形态特点:线条整体协调舒展,曲面起伏具有较高的艺术美感。整体形态平稳、内敛,设计元素值得推敲,看似随意却是历经反复斟酌而成。造型设计多运用大气简练的线条和小而精致的材质细节。

手绘表达技巧:利用简练的线条和平面使形态具有协调性,多采用具有附加价值语义的色彩关系。

形态创意灵感来源:有品质的事物,符合设计定位的事物,具有地域文化历史感的元素等。

难点:形态线条需要反复斟酌推敲;注意考虑所突出的设计理念;设计要素宁少勿多。

课后思考:

一、思考题

1. 请结合自己的设计实践,分别简述产品形态设计的几种风格及其体现出的主观心理感受,并举例说明。

2. 基于文中提到的几种形态风格,提出自己的看法,并分析在不同的时代背景下不同的设计形态风格形成、流行的原因。

二、设计题

1. 以硬朗感造型风格特点为元素,设计一款个人照片打印机造型。

要求:突出强悍的功能及其语义;

画出该设计的三视图与至少两个立体图;

试表达出该设计的使用环境。

2. 以动感造型风格特点为元素,设计一款与"风"有关的产品造型。

要求:突出与风相互作用的功能及其语义;

画出该设计的三视图与至少两个立体图;

试表达出该设计的使用环境。

3. 以体量感、厚实感的造型风格特点为元素,设计一款与"力"有关的产品造型。

要求:突出与力相互作用的功能及其语义;

画出该设计的三视图与至少两个立体图;

试表达出该设计的使用环境。

4. 以科技感的形态风格特点为元素，设计一款与"沟通"有关的产品造型。

要求：突出"沟通"相互作用的功能及人机交互；

画出该设计的三视图与至少两个立体图；

试表达出该设计的使用环境。

5. 以稳定感形态风格特点为元素，设计一款桌面商务电话机的产品造型。

要求：突出"品质"的感觉；

画出该设计的三视图与至少两个立体图；

试表达出该设计的使用环境。

6. 以归属感、存在感形态风格特点为元素，设计一套卧室家具造型。

要求：突出"归属"的感觉；

画出该设计的三视图与至少两个立体图；

试表达出该设计的使用环境。

4 |
产品形态设计成功的秘诀

4.1 当前学生学习形态设计遇到的问题

4.1.1 学习重点集中在三大构成基础、技法上

形态运用缺乏实践经验，设计创新停留在艺术的"直觉"或技术的"理性"上，没有系统、合理的方法指导，总体缺乏设计文化感。因此，在设计形态学习中，应先了解设计的前提条件，掌握正确的设计文化价值趋向。这里从设计形态中的文化成分、设计形态的文化语境和设计形态文化与科学观进行初步学习。

1）设计形态中的文化成分

设计是设计者为了其服务对象更好地使用，满足"适人性"原则所制成的用具。每件设计物中都存在着一定文化成分。包括设计者和其服务对象所处环境中的自然知识、科技能力、社会习俗、人文传统等。其中，自然知识与科技能力是设计物中体现出的是一定的审美倾向、工艺技术，代表了设计的内在文化条件，是设计者和其服务对象形成文化约定的共有意识水平；而社会习俗、人文传统则是时代与社会的外在表现，是设计者和其服务对象形成文化约定的客观依据。

2）设计形态的文化语境

构成设计文化语境的要素有经济基础、技术水平、人文传统、自然状态。其中，经济基础为第一要素，它决定着消费水平，也就是直接决定着设计水平，是设计文化语境的核心内容；技术水平是构成文化语境的第二要素，是以科学知识为基础的一切经济活动的最大动力来源，是人文科学的基础；人文传统则是构成设计文化语境的第三要素。设计时，设计者的创意、消费者的需求、设计物的功能与价值都是在人文传统的影响中形成的设计观、消费观、物用观。不同的人文传统，造就不同的设计效果。构成设计文化语境的第四要素则是自然状态，包含地理、气候、资源等可利用资源的总的自然条件，直接影响着选材、成本、使用、流通。把握住设计的文化语境，对设计物的形态就有了进一步的认识。

3）设计形态文化与科学观

在文化成分与文化语境确立的前提下，设计形态文化与科学观则是设计形态最终确立的外部动力。科学与文化相辅相成一个优秀设计物一定是在先进文

化理念和先进科技的相互作用下诞生的，世上不存在只有文化性没有科学性，或只有科学性没有文化性的设计物。因此，文化观和科学观是影响设计形态发展的重要元素。

4.1.2 对"形态"概念的理解不够透彻

"形，见也。"这是中国最早的一部百科辞典《广雅》中对"形"的解释，其意是，形是显现在外可以看到的样子。"态"在现在的解释中现在意为"形状，样"。而在《说文解字》中，其对"态"的解释为"意态者，有是意，因有是状，故曰意态。从心能，会意。心所能必见于外也"。在"形"与"态"相互融合成为一个完整的表意词语时，所谓形态，其含义为"形状神态，就是指事物在一定条件下的表现形式"。

人对形态的感知是通过视觉和触觉去了解设计物的外形，所有对设计物的语言文字的描述都是在视觉和触觉的感知后进行分析、归纳、推理、判断，进而使设计物的形态上升到概念高度的。形态具有表现人的情绪、情感的功能，从思维到形态，从文字到形态语言。这样从头脑中的假象到实际设计物的思维过程，就是为文字描述找到一种物质形式，来寄托文字描述中想象力的实质载体，进而提高认知度。在整个文字描述中的形态具有动态的形式，依托设计物表达形态的运动，从而表达设计者、使用者的情绪，这种情绪是一种生命的心理活动，通过形态的真实存在表达。

形态在表达设计情绪的同时，也是一种情感符号的形式，是关于形态及其外部特征语言含义之间关系的表达形式。形态是内在本质与外部表现出来的含义，其在表达上具有规律性、逻辑性，具有自身存在的形态语言。

4.2 通过产品形态设计训练能达到的目的

4.2.1 提高对产品形态设计理论的认知

通过设计概论、心理学、设计美学、设计批评、最新设计理念、设计方法论等课程内容的教学实践，提高学生对设计与形态的内在联系，加深理解与深度表现的能力。

4.2.2 提高形态设计实战能力

通过对形态设计方法的学习，加强对"形"的应用、对"态"的感知，总体地提高形态设计实践技能。

1）挣脱思维的束缚

爱因斯坦说："想象力远比知识更重要。知识是有限的，而想象力则概括了世界上的一切。"正如爱因斯坦所说，想象力是一切事物出现的源泉。而获得想象力则是在观察的基础上实现的，观察能随时随地触动灵感，也能在无意识中激发形态的构思进程。例如，"视觉风暴法"是通过头脑风暴法采用视觉的形式，通过参与者对主题的演绎，产生许多与最初理念息息相关的词汇。并逐一进行爆炸式联想，获取新的创新形态，并通过草图形式进行视觉阐述，这样就形成了视觉风暴。

2）了解大众所知道的常识

在设计过程中，设计物的形态构思不仅需要深厚的文化艺术底蕴，同时，也要知道大众需要什么。设计者可以通过人们的日常习惯，进行产品形态的设计训练。如"换位思考法"通过模拟用户的行为来理解使用者在使用过程中所需要的、更舒适的形态，并在基础形之上进行点线面的切割、组合。但是，形态的变形，一定要符合大众的使用习惯。

3）探索中的乐趣

探索是对一切事物在未知情况下进行了解的过程。这个过程看似很神秘，其实不然。我们生活中每天都充满着各种事物等待着我们去探索，等待着去寻找其中的美丽形态。例如，我们每天食用的水果、蔬菜；花园的花朵；又如水中畅游的鱼儿……这些充斥着我们每天生活的元素。比如苹果的横切面会构成五角星的图案，核桃横着锯开是一个四方连续图形等。生活中不缺少形态创意的原型，不妨多看看、多分析，探索身边事物，会得到形态设计中的灵感。

4.2.3 结合设计艺术形态学、符号学研究提高设计艺术素养与品位

通过对高设计感高艺术感或的设计作品的解读与分析，从而强化立体思维的想象与表达，提升设计素养与艺术品位。

4.3 形态设计常用理论方法

4.3.1 格式塔心理学

格式塔心理学也称为"完形心理学"。格式塔心理学的创始人有韦特海默、考夫卡、苛勒等人，这一学派主要活跃于 1912 年到 1940 年，研究内容主要是意识体验。"格式塔"是德文 gestalt 的译音，其含义是整体，或称"完形"。格式塔心理学明确指出：构造主义把心理活动分割成一个个独立的元素进行研究并不合理，因为人对事物的认识具有整体性。心理、意识不等于感觉元素的

机械总和。格式塔心理学着重在知觉的层次上研究人如何认识事物。

　　这种心理学表现在形态设计上，主要概念是整体大于部分之和，关系大于元素。当选择不同的形态时，人的视觉能直接对所看到的"形"进行选择、组织、加工，从而在对形态的审美中获得"审美快感"。

　　"审美快感"是由于艺术作品力的结构与审美主体情绪结构一致而产生的，揭示了精神现象和物质现象"异质同构"的关系，但往往忽视了社会、历史、文化对审美的影响。如图4-1所示，不同的背景选择可以获得不同的形态审美结果。可能看到的是两个侧面人头，或者是一个酒杯，这个图形就是格式塔心理学的模型之一。

　　这种"异质同构"的关系表现在产品造型设计中，人们可以利用其关系大于元素的理念，在其"结构"的张力下达到形象构图，唤起人的感情——"异质同构"。如图4-2所示的一款异型沙发设计。这个沙发虽然不具备传统的坐垫、靠背、底座等结构，但是，我们可以联系人对形态的知觉特性，从其侧视图的三个结构节点出发，进行视觉整合，在人脑中自然地将单个元素按照一定的结构关系组合起来，从而形成整体的形态。这就是所谓的"关系大于元素"。

　　这种造型方法运用在产品形态设计中，能简化形态元素的复杂性，在一定的情况下，可以作为一种创新形态设计的有效方法。

4.3.2　精神分析心理学

　　这种方法产生于19世纪后期的欧洲，创始人是荣格、弗洛伊德。他们重视对人类异常行为的分析，强调人类的无意识现象，认为处于下意识中的个人心理冲突，是发生心理障碍的原因。精神分析主要就是试图用各种方法发现和揭示患者在下意识中存在的问题。

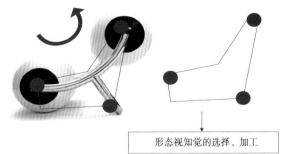

形态视知觉的选择、加工

图4-1　格式塔心理学的模型之一　　图4-2　异型沙发设计

弗洛伊德认为，人的潜意识源自被压抑的本我，是最原始的驱动力，因为不能被社会完全接受，被深埋在心底所以成为潜意识。这个研究对人格、动机等研究起到了一定的积极作用。这样的潜意识动因反映在形态设计中，主要是通过具有象征意义的形态唤起不为人知的潜在需求，从而达到刺激消费者行为的目的。

比如，烘烤代表女性和母性的表达，唤起愉悦的童年的温暖感受，如图 4-3 所示。又如图 4-4 中，杯子把手采用了耳朵的形态，因为耳朵在潜意识中也代表母性的温暖，不少婴儿都有过依赖母亲耳朵的经历。因此，这个设计给人的感受是温暖的。如图 4-5 所示，利用交叉的把手来代表沟通与相互依靠。

如图 4-6 所示则是浩汉设计透过天线突出的"旧手机"形态符码，道出数码时代中现代人的潜在欲望，传达"我联接，故我在"的设计隐喻。该设计跳脱了一般手机愈来愈复杂、功能愈加愈多的发展趋势，回归到最基本使用层面。无论在操作上还是外形上，其设计都非常富于巧思。左侧上方凸出的天线形态除了潜意识的沟通隐喻，也让造型更加可爱。这个设计作为 IF 大奖的获奖作品，其获得的评价是："这支电话外形看起来不但好，更有让你微笑的魅力。由于那极具美感的天线予人喜爱的暗示，使得这支电话显得轻巧、不突兀和有趣。"这个设计的成功在于利用形态刺激了大家对沟通的潜意识欲望。

可以发现以上这些例子都是设计师通过整合形态要素，刺激消费者，唤醒部分个体的潜在需求，并获得了成功。值得大家在设计形态的时候借鉴使用。

图 4-3　便携式烤面包机

图 4-4　耳形把手杯子

图 4-5　交叉把手的茶壶和杯子　　　图 4-6　浩汉设计的手机

4.3.3　形态的仿样

形态的仿样是常见的形态设计手段，也是最常用的形态设计手段，主要分为以下几种类型：

1）对历史上已有的同类物的形式或样式的仿样

随着技术的发展，社会的变化产品造型也在不断演变。不断地找到产品中的不足之处，消除这些瑕疵，把设计合理的部分保留下来。设计形态仿样也具有这样的选择性，如图 4-7 中的车的形态的演变就很好地说明了这种选择性，遵循技术工艺的法则，延续了车的基本形态，合理的地方保留，不合理的地方摒弃，这也是一种历史的选择。而图 4-8、图 4-9 中则是模仿历史上已有的瓷器造型来做的形态模仿和设计，保持了形态美感的同时，也具备了现代设计的特点。

2）对具有类似功能、结构或其他相似之处的物品设计的仿样

新产品形态要以人的习惯作为设计前提，因此，要仿效人所习惯的设计样式，降低人们的认知负荷。如图 4-10 中的掌上电脑设计，模仿的就是传统的书本形态，在一定程度上可以用传统的使用方式来使用新的电子书本。图 4-11 是以回形针形态设计的可变形台灯。根据使用需求的不同改变其形态，从而满足使用需求。

图 4-7　车的形态演变

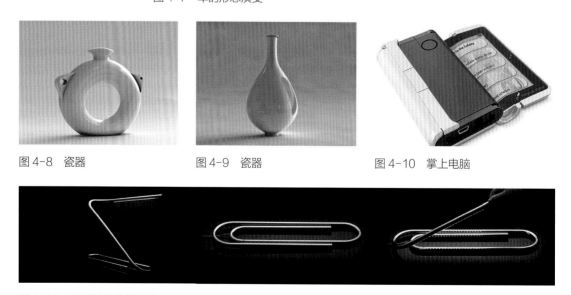

图 4-8　瓷器　　　　　　图 4-9　瓷器　　　　　　图 4-10　掌上电脑

图 4-11　回形针的仿样设计

4.4　形态要素与应用特征

　　造型的基本元素主要包括点、线、面、体。

　　从视觉心理上来说，点代表视觉中心、提示作用、连接位置、装饰点缀。而在点的应用实践中，点的大小及形状（视觉不能太大，过大则形成面的视觉元素）可产生不同的视觉变化；点的数量、疏密也产生不同的视觉效果；点的横向、纵向及平面排列也产生不同的视觉冲击；点的单线形排列则产生线的视觉联想，点的面形排列则产生面的延展性视觉联想。实践中，通过灵活应用点的不同设计处理手法，协调整体造型设计风格，产生较好的设计效果。图4-12—图4-14为点在产品形态设计中的应用实践。

　　线代表轻松、流动、平和。且线的线性粗细具有不同的视觉分量；线的直曲不同呈现风格也不同线的曲率变化过渡及弧度不同也会产生不同的设计感；线的排列也可营造出面的视觉联想。如图4-15线在汽车前脸进气口位置的重复节奏产生一种空间层次感，既保证了空气的流动性，又保持了整体空间的完整性。图4-16为产品造型形态轮廓，采用连贯的曲线设计，打破孤立的六面体形态，形成整体流畅的造型特征。

　　面代表平淡、单一、直观。平面曲面的风格差异明显；面的曲率变化平缓疏急产生的设计艺术感也不同；两个曲面的过渡变化也有多种视觉效果。因此，曲面作为形态设计的主要元素之一，具有丰富多变的三维视觉感，应用过程中应根据设计的目标，灵活运用不同的曲面设计风格进行设计表达。图4-17为产品表面的曲面特征表达，通过强化边缘曲面的形态，营造出特殊的视觉艺术效果。图4-18为手表表盘轮廓与手表带之间的曲面过渡情况，该设计采用了圆润的曲面过渡设计。在图4-19概念汽车造型设计中，我们可以看到许多曲面被强调出来，突出曲面的层次连接感，在实践设计过程中，这种突出某些曲面的设计手法可有效指导创意设计方向。

　　体代表安静、沉稳、完整、移动。实体的整体特征营造是一种综合性较强的设计能力表现，需要对体表面的曲面、曲线等元素综合设计考虑。在产品设计课程体系中，雕塑及油泥模型制作的课程则有助于加强学生对形体的整体塑造能力的培养。实体可以理解为封闭的曲面形态，如图4-20、图4-21所示。而镂空的形体则可理解为介入空间的"实体"，或称为"虚"空间实体，如灯具的造型设计，则广泛采用了虚空间的构造设计手法，图4-22为著名PH灯具设计，功能上通过二次光线反射，有效防止了炫目的直接光线；造型上利用空间的错落感，营造出具有通透感的"实体"——其外轮廓为一个椭圆球，该手法也近似于上文所讲的设计理论方法的格塔式心理学应用。

图 4-12　点的线形应用极其特征图

图 4-13　点的面形应用

图 4-14　点的整体面形应用创意

图 4-15　线在汽车前脸设计的应用

图 4-16　线在造型轮廓的应用

图 4-17 曲面特征的表达

图 4-18 曲面的过渡链接设计处理

图 4-19 曲面的层次感

图 4-20 实体造型的塑造

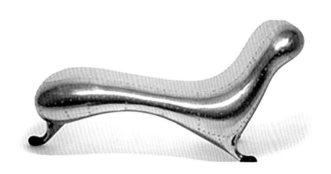

图 4-21 马克·纽森 曲面金属躺椅设计

图 4-22 PH 吊灯

在实际设计中，我们要根据设计目标和要求，根据创意的方向恰当运用各种造型元素进行组合来表现设计理念，获得满意的造型效果。

4.5 产品造型训练

4.5.1 对圆的变形训练

1）中心切割

对基本元素——圆进行切割训练，然后赋予其特殊材质和肌理，产生设计方案，如图 4-23 所示。

2）折叠

如图 4-24 中的"可折叠电子蚊帐"，可实现折叠收纳和随身携带，使用户免受蚊虫侵害。同样的折叠方式还有图 4-25 中的折叠台灯，都是形态设计训练实例。

4.5.2 线的重复

1）线的横向重复

以某个具有设计感的图形，对其轮廓线进行横向的重复，产生具有节奏感的设计造型。如图 4-26 所示。

2）线的环形重复

如图 4-27 所示，利用基本元素线的有节奏的运用，模仿蛛网结构，构成具有节奏美感的形态，并赋予其金属材质和功能，这样就构成了新的产品设计——毛巾架。

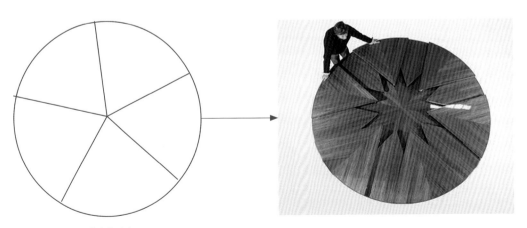

图 4-23 对圆进行切割

图 4-24　Fold "可折叠电子蚊帐"

图 4-25　折叠台灯

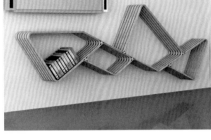

图 4-26　书架形态创意

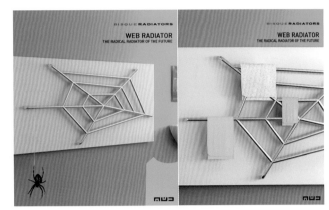

图 4-27　毛巾架

4.5.3　面的形变手法

1）切割

如图 4-28 所示，通过对面进行切割变化，从而获得新的造型，赋予其功能，成为新的产品形态——椅子。按照这样的方法长期进行训练，能够极大地提高形态的运用与变化能力，为产品形态设计积累经验。

2）空间形变

曲面是具有空间三维感观的重要形态元素之一，通过曲面的三维变换，可产生较为强烈的空间立体感。如图 4-29 所示是对曲面的空间三维扭曲的形变处理手法，同时利用多个曲面的联系变化产生了视觉强烈的韵律感和节奏感。这是设计师对形态构思达到一定理论深度的实践，要求设计师具有较强的空间三维构造能力。

4.5.4　体的切割

实体是具有整体感的形态元素，直接对形体实体进行设计手法的处理也是较为常用的设计方法。多数建筑、产品造型、汽车造型的设计都是源自这种设计技法。图 4-30 所示为对实体进行切割的设计手法处理的产品造型，具有强烈的硬朗个性，视觉观感鲜明。

图 4-28　折叠椅

图 4-29　曲面的空间形变

图 4-30　体的切割

课后思考：

　　1.按照本章所教的形态训练方法，对点、线、面、体等进行变形、切割等处理，赋予不同的材质和工艺，看看能得出多少具有价值的形态，并在此基础上进行细化，做出成熟的设计。

　　2.阅读课外书籍，谈谈对"形"与"态"的理解，并尝试将其运用在平时的设计中。

5 |
现代产品形态设计发展趋势

国内外产品形态设计实例与分析
产品设计中形态应用的多元化现状
形态设计流行趋势与未来

5.1 国内外产品形态设计案例与分析

5.1.1 以用户为中心的设计在产品形态中的体现

以用户为中心的产品设计，是一种强调开发团队以用户的需要、要求和愿望，以及其他主要相关者如生产厂家、包装（材料供应商等）利益为基础的多学科、跨行业通力协作的过程。以用户为中心是当今创造研发新产品的一种核心理念。而产品的形态作为传递产品信息的第一要素，承载了产品的全部内涵，是设计活动的最终成果。"产品形态"和"产品信息"两者相互影响、相互体现。

如图 5-1 所示是一款为公共汽车、火车等公共交通设计的座椅系统。以人为中心，在设计中把乘客对于舒适性、安全性、便捷性的需求作为主要考虑因素：皮制沙发座椅带有可躺卧的选件，头部两侧的隔挡"耳朵"营造出相对独立的空间，座椅前方配备折叠小桌板，扶手中提供用于充电的 USB 电源，为乘客提供了舒适的工作和休息环境。此外，为鼓励人们尽可能选择公共交通出行，减少私家车的使用，在未来该座椅也可应用于全新的自动驾驶公交应用程序中，从而创建一种更快、更经济、更环保的交通方式。

5.1.2 产品形态设计案例与分析

产品的形态要素可以被分解为形状、色彩、质感以及界面四个要素，四个要素均可体现在产品与人的交互上。成功的产品一定要建立在与人良好的交互上。

如图 5-2 所示是一款洗手池的设计，它抛弃了平时以按压等方式放水，采用了最原始的"泼水"的形式，以此加强了使用者与产品的互动关系。现有的面盆花样繁多，其排水方式更是千变万化，但这种设计采用了极为传统的方式，使用者无需多次试用，这也是形状上的新形态设计的例子。

不同形态传达不同的寓意，如图 5-3 膨胀杯套根据空气热胀冷缩原理，传达出杯中水的温度变化，同时，膨胀的杯套也将手与高温的杯体隔绝开。在情感上以一种形态的变化温馨提示使用者，虽然只是简单的物理原理，但形态变化在产品创新设计上的重要性可见一般。

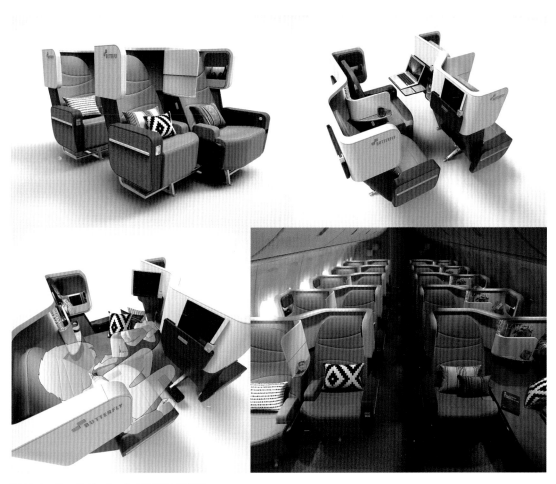

图 5-1　the Butterfly 公共交通座椅设计

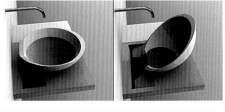

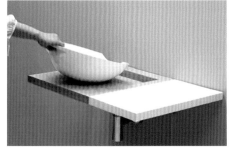

图 5-2　洗手池设计

图 5-3　膨胀杯套

5.2 产品设计中形态应用的多元化现状

5.2.1 基于造型与功能的产品形态设计

普列汉诺夫指出："人最初是从功利观点出发来观察事物和现象，只是后来才站在审美观点上看待它们。"管子说过："仓廪实而知礼节，衣食足而知荣辱。"他们的基本观点都是主张先满足生活需求，然后才考虑审美感受。产品设计起源时，完全出于实用的功利目的。随着生产力的逐步发展，人们有意识地将实用和审美联系在一起。如图 5-4 所示，人面鱼纹盆是仰韶彩陶的代表之一，我们发现其已经添加了人为的装饰，无论是宗教还是单纯的审美，总之，随着生产力的提高，它已经摆脱了陶器诞生时期无装饰的特征。

一个优良的产品，多会给人留下良好的印象，尤其是其外观。其形象逼真、婀娜多姿、隐喻内涵的形式除了功能的存在外，更重要的则是其独特优美的造型。首先，从形式美的原则探讨产品形态设计多元化中偏重造型的设计方式。

1）统一与变化

统一与变化是形式美的总法则，也是产品造型设计的基本原则之一。"统一"强调物质和形式中各种要素的一致性、条理性和规律性。统一是在产品整体结构上，主要指产品外观形态格调在形态、色彩、风格等方面的一致性。统一也是产品形态设计的基础，它能使人产生单纯、整体、协调、秩序的感觉。所以，一般来说，产品设计都要遵循这个法则。"变化"强调各种要素间的差异性，要求形式不断突破、发展，是创新的要求。对于产品设计，变化主要指产品形、色、质的差异，即大小、方圆、方向以及排列组合的方式。色彩的差异及色彩的冷暖、明暗，质地的差异等。这些差异的变化引起人们视觉和心理上的共鸣，打破单调、刻板、乏味的感觉。变化与统一强调了人类在生活中既要求丰富性，又要求规整、连续、统一的基本心理需求。

图 5-5 是苹果公司在 1998 年推出的 i-Mac 电脑，"它完全颠覆了从 IBM 到玛金托什'传统'以来所有传统电脑的设计，异军突起，另立门户，开创了电脑设计的另一片天地。"这款电脑在当时革命性地运用了 PC（聚碳酸酯）作为其外壳材料，这种半透明并且若隐若现的塑料材质将显示器内部的电子元件显示出来，让人们能够直观地看到其工作状态。如同一颗颗果冻一样的色彩鲜艳夺目，给原本冰冷的机器增添了不少人性关怀。

如图 5-6 所示，这是设计师莫夫（Morph）最新为伦敦制造商 Joseph Joseph 公司设计的系列厨房用具，这套厨房用品包括防滑碗、量杯和榨汁器，产品从大到小相互套叠并采用白色或五彩缤纷的塑料做材料。鲜艳的色彩也许是我们对此设计的第一印象，但紧接而来的，是一个套一个的组合形式。此设计将厨房中各种不同大小的用具一次叠在一起。这样既满足了功能上的需求，解决了厨房用品多而杂乱的问题，在外观上也令人耳目一新。正是对色彩与质感形式美的运用，才传达了能够调动人情感的信息，i-Mac电脑和设计师莫夫合理地运用了这一原则，使得其产品备受消费者的青睐。

图5-4　人面鱼纹盆

图5-5　苹果 i-Mac 电脑

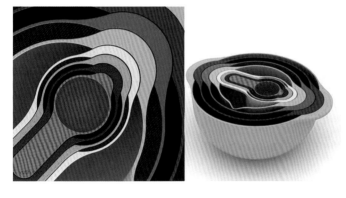

图5-6　厨房系列用具

2）对比与均衡

对比与均衡也是产品形态设计中常用的美学法则。它是取得产品形式美的重要手段之一。在产品设计中，常常使用极大的对比来产生强烈的视觉冲击，使得产品形态活泼、生动、鲜明。对比是强调差异，而均衡则协调差异。在产品形态设计中，正确地处理对比与均衡的关系，使其明确地突出各自的特点，以取得良好的艺术效果。

图5-7是一款钟表设计，该设计采用简洁的白色和红色相间的方式，以对比的手法来展示时间刻度。随着时间的变化，其对比与均衡在不同的刻度也有着不相同的效果，但又不乏协调性。图5-8的茶杯设计，底部的突变与把手底部相呼应，以及独特的使用方式，在对比中又有均衡的存在，抵消了底部较轻的感受。

3）节奏与韵律

节奏是一种动态形式的美的表现，它是一个有序的进程，是一种有规律连续的变化和运动，节奏越强，越具有条理美、秩序美。在产品形态设计中，运用节奏的手法给人以强烈的感染力，人们能通过优美的节奏感到和谐美，没有节奏就没有美感。运用形态、色彩、肌理等元素既连续又有规律、有秩序地变化，使人产生一定的情感活动。

韵律指在节奏的基础上，更深层次地抑扬节奏的有规律的变化统一。通常用来表达动态感觉。利用同一要素的反复出现，形成运动的感觉，使得画面充满生机，使原本凌乱的东西产生秩序感。

图5-9衣架设计以简约的造型为主，顶部的有节奏的小突起满足了功能的需求。图5-10音响的设计更是将音波的韵律直接体现在音响设计上，充满了韵律与节奏感。

5.2.2　基于用户的产品形态设计

随着物质资料的极大丰富、生活节奏的日益加快，人们对精神需求的满足也越来越紧迫。纵观产品设计的历程，各个时期的优秀作品无不是在满足其大环境背景下的以人为本的设计。在产品设计中，强调突破性来研发新的产品，也有助于在如今这个社会、经济以及技术三者互相制约互相提升的背景下找到突破口。随之而来这种方式也将赋予产品全新的形态。

基于用户的产品形态设计，即以用户为中心而展开的设计，无论是外观、材质、色彩纹理还是比例等，都是从人的使用便捷性和对环境保护的角度出发。如图5-11 OXO公司的"好把手"系列中的削皮器就是很好的例子。

图 5-7　钟表设计　　　　　　图 5-8　茶杯设计

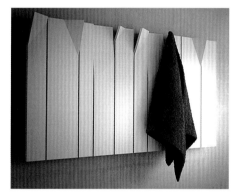
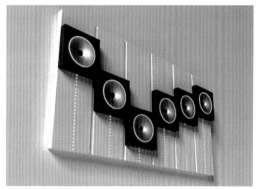

图 5-9　衣架　　　　　　　　图 5-10　音响

图 5-11　OXO"好把手"削皮器　　　图 5-12　OXO"好把手"系列其他产品

再比如图 5-12 所示 OXO "好把手"系列其他产品，该系列产品满足了人情感需求中的诸多因素，如独立性、信心乃至安全性。它本来是一款针对老年人和关节炎患者的设计，但取得了比预期还好的市场效果，无疑是一款极其成功的产品。这都归功于它的手柄设计，可以让使用者在抓握的时候有很强的安全感，也归功于其精良的视觉和触觉美学效果。采用橡胶制作的手柄满足了功能和形式的双重需求，轻便、简洁便于抓握，很好地将技术的最优和造型的最美结合在一起，也利于系列化可拓展性等的展开，有着较高的价值。

5.2.3　强调情感因素的产品形态设计

情感在艺术与设计领域是极大的创意资源，产品形态是附带功能的设计，此功能则包含基本的实用功能和情感功能。实用功能往往是在使用过程中体现，不易被直接察觉。有时候，我们看到一款新产品，宣传资料中描述其使用效果很好，但设计好用与否还是取决于用户的使用体验。相比之下情感因素强化的形态设计，是较直观和视觉化的艺术设计手法。强调情感因素的设计总试图给人以有趣、幽默、讽刺、自嘲、乐观、兴奋、雅致等某种情感的寄托。其产品形态设计往往会在形、色、质和结构中体现出来。

1）形

形是指外形，运用某种大家熟悉的或有趣的抽象造型在产品形态上，通过造型给人们一种新的视觉感受和心理冲击。如图 5-13 所示为一款注射器的针筒盖造型设计，通过有趣的针筒盖造型，试图给被注射的人带来微笑、诙谐或其他感觉而忘记注射产生的痛觉。可以说，情感因素是这个产品形态设计的重点。图 5-14 为一款座椅形态，该形态属于一种抽象的造型，虽然我们无法判断其像我们熟悉的哪些已知事物，但没有妨碍我们觉得它是有趣的，这款座椅的形态采用了扭动的曲线和圆润的形体，打造了有趣的形象。

2）色

色是设计最直观的艺术表达途径，色彩是有个性的、有情感的、有想象空间的。产品形态外观利用适当的色彩搭配，可给人们营造出特定的情感形象。图 5-15 为一套桌椅的设计，色彩的运用显得明快而干净，给予人们较强的视觉冲击。

3）质

质则是材质的艺术效果设计，利用材料的表面质感（如光洁、磨砂、抛光、拉丝等）和内部质感（透明、半透明、实色等）表现产品的情感因素。

如图 5-16 所示为一款突出材料质感的情感化产品设计，设计师以材质的透明感突出产品的视觉艺术效果。

图 5-13　注射器的情感因素　　　　图 5-14　注入情感因素的座椅设计

图 5-15　强调情感因素"色"的产品形态设计

图 5-16　强调"质"的情感因素

4）结构

结构，是产品的基本功能要素，虽然属于实用范畴，但从设计角度看，"呆板"的机械化结构也能发挥出巧妙的艺术效果。如常见的转动、滑动、折叠、伸缩、弹性等结构方式，均可通过某种有趣的方式对某个事物进行结合与借用。如图5-17所示为一款眼镜架的结构设计，利用弹性的材料对镜架进行组装和拆卸，结合模块化的零件实现对产品DIY的乐趣，该设计因此获得了东京国际眼镜设计大赛的金奖。

以上几个方面属于情感因素的组成，但在实际设计过程中，一般会统一考虑。设计师在确定设计的目标后，利用各个因素相互配合，达到整体设计的感观。

5.2.4 基于文化价值表现的产品形态设计

文化是人文精神的核心体系，产品作为文化外化的主要表征因素之一，体现出文化特有的内涵。文化是需要时间积累的，如传统文化、地域文化，流行文化等。形态设计是文化表达的直接方式。但文化在产品形态设计中的表达具有一定的难度，一方面，要顾及产品的功能；另一方面，要顾及产品对文化的表达效果。如将某种文化强加在一种产品上，难免会出现造作的设计。因此，设计前期，需要分析产品与植入的文化之间的关联，找到恰当的方式与符号的表达。如推崇极简精神的亚洲文化，如图5-18所示；注重的美洲文化，如图5-19所示；强调自然纯朴的斯堪的纳维亚文化，如图5-20所示；斯堪的纳维亚风格与艺术装饰风格、流线型风格等追求时髦和商业价值的形式主义不同，它不是一种流行的时尚，而是以特定文化背景为基础的设计态度的一贯体现。它体现了形式和装饰的克制、对于传统的尊重、在形式与功能上的一致和对自然材料的欣赏等。斯堪的纳维亚风格是一种现代风格，它将现代主义设计思想与传统的设计文化相结合，既注重产品的实用功能，又强调设计中的人文因素，避免过于刻板和教条的几何形式，从而产生了一种富于"人情味"的现代美学，因而受到人们的普遍欢迎，如图5-20所示的家具与玻璃饰品设计。这些具体的文化艺术设计风格，将在专业课程中详细地了解与学习。

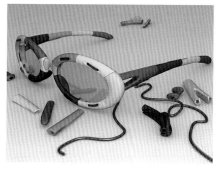

图 5-17 有趣的形态

图 5-18 注重简洁精神的设计

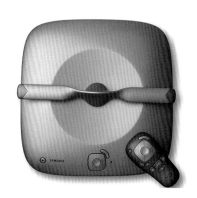

图 5-19 注重机械美学的设计

图 5-20 斯堪的纳维亚文化风格的产品设计

5.3 形态设计流行趋势与未来

　　纵观产品形态设计的发展，起决定作用的因素一定是人的需求变化和技术的发展。所以，以用户为中心的设计理念，以及能大批量生产的流程是未来产品形态设计的主要流行趋势之一。符合大批量定制生产的产品形态设计，则将是满足人类心理情感需求和现代工业大批量生产结合的有效方式。

　　设计大师马克·第亚尼曾经说过："经过工业时代的积累，设计将越来越追求一种无目的性、不可预料和无法准确测定的抒情价值。"这种"抒情价值"产生的基础是：设计师对产品用户的深入分析，对消费者体验需求的准确定位，对产品设计语言的熟练把握和创造性应用，并且还要结合复杂灵活的当代商业模式，在营销和服务的环节做出相应的体验创新。同时，定制和个性化的用户需求，也要求设计师更加精准地对市场做出细致的分析和敏感到位的把握，从而在服务经济之始和体验设计之初，更好地应对业界的挑战和机遇。以用户为中心则要基于用户体验，产品开发的趋势需向以消费者为中心的方向发展，所设计制造的产品能否充分反映消费者的需求已经成为产品成败的关键。因此，在产品设计的整个流程中，从发现市场空缺的立项到后期的销售使用以及回收，都要以用户为中心来展开。

　　随着设计的大众化普及化，基本功能的需求得以满足，设计需要不断探索创新与新鲜感，形态的设计也随之产生变化，未来的形态设计将糅合艺术、设计、视觉、感观、功能、人文、自然等多种元素，只要设计师能在某个领域某个点上取得成绩与探索，都可使其作品成为人们喜欢的设计。从形态上而言，形态设计趋势主要呈现出以下几个方向。

5.3.1 未来感的塑造

　　有未来感的形态，是设计对产品基本功能理解的一种深度解读，融合了设计师自身的艺术修养、创意、灵感以及文化的因素。这种设计趋势变化是无穷的，一根单纯的曲线经过设计师的演绎，都可能产生很多变化的细节，一个曲面面型中间可以产生无数的起伏变化细节，甚至从一个曲面简化成多个平面的拼接，这完全取决于设计师对功能与目的的理解。图5-21所示是一款自行车车架的形态设计，该车架形态完全突破了单纯的圆管构造，演变出丰富的多个曲面交接的造型，呈现出似乎异于功能的一种造型，这正是未来感的设计特点。图5-22是一名设计师设计的声学互动雕塑，其个体形态由多个三角形和梯形面等已知的元素拼接而成，而整体呈现出一个抽象的形态，结合光洁的质感及折叠的结构，使该雕塑产品呈现出一种神秘的未来感。

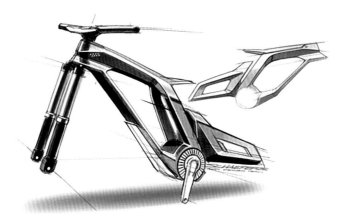

图 5-21 形态丰富变化的未来感设计   图 5-22 抽象的未来感形态

未来感的塑造形态设计方法：

1）形态的解构与有限化

将某个趋势的曲面或曲线进行打散与重构，通过有限的简化元素进行表达。如一个圆弧可简化为若干个连续直线的表达。

2）抽象化

对某个具体的形态进行最大限度的抽象化表达，如一个动物的形态，通过抽象的线条、曲面、形体进行表达，仅保留形态的"神态"而丰富其"形式"的表达。

3）空间化

通过极具空间三维感观的曲面、曲线变化形态表达立体形态的设计。

5.3.2 情感化的诉求

未来的产品设计将更加注重情感化的需求。产品的丰富将人们对产品物质需求逐渐转换或提升为对情感的需求。任何一款新的产品形态的设计，都需要从情感上打动消费者与用户。这对设计师的要求更高，需要设计师深入地挖掘产品功能、产品形态、产品语义、产品交互等多个领域的情感因素与表达方式。

情感化的诉求形态设计方法：

1）情感性格特征的明喻

通过形、色、质、结构等方式对形态的性格特征加以强调和描述，突出形态的情感性质。如活泼的、欢快的、悠闲的、强烈的、素雅的等情感特征的表达。

2）情感特征的隐喻

通过具有隐喻象征的元素对产品形态的设计目标进行表现，突出产品的内在情感特征的表达。

3）情感特征的联想

产品形态不直接表现出既定目标的情感特征，但可以激发用户对该情感特征的联想，加深用户对设计的印象。

5.3.3 个性化的追随

个性化是未来设计发展的一个趋势。设计的市场面临着细分的局面。产品的受众从群体性转变为个体性。从家具定制到室内设计的个性化装修。生产方式的转变与成本的可控性造就了产品设计也将面临这种转变。设计师可以自由地发挥，追随更多个性化的设计方向。

个性化的追随形态设计方法：

1）形态的直接示意

个性化的产品形态设计可以通过外观造型直接给消费者或用户呈现，直接地表达出设计的目的。此方式如果能给予对象良好的第一印象，此个性的设计可获得认可，但也存在风险，如果不受人喜欢的个性设计，则容易产生逆反的印象。

2）产品使用过程的示意

个性化的产品形态设计可以将个性隐藏在产品的使用过程中，外观上并不明显，个性的特点体现在产品的使用方式和使用过程，让用户感受到特别的个性特征，获得强烈的使用体验。这需要设计师深入地分析思考产品形态与使用交互的内在联系，巧妙地利用某种结构方式对产品个性进行表现。

课后思考：

1. 按照本章所教的形态训练方法，对产品形态进行未来感、情感、个性的特征创意，形式不限，但需要对某个特征达到明确的示意效果。

2. 阅读课外设计资源网站资料，选择一个产品形态的设计趋势，概括出其特点，描述可应用的范围并通过草图表现出来。

6 | 产品形态设计能力训练

6.1　基本形态元素训练

产品的形态要素主要包括点、线、面、体、色彩、材料、质感、肌理等。从设计角度看，形态以一定物质形式体现。以一辆自行车为例，当我们看到两轮车时，就能感受到它是一种可以运动的物品；脚蹬、链条和传动轮揭示了产品的基本传动方式；而车架的材料、主体连接架展示了产品基本构造的同时，也呈现出了产品的外形姿态。因此，在产品造型设计中，产品的形态总是与它的功能、结构、材料等因素分不开，这些因素共同构成了整体的视觉形式。

在基本单元立体形态中，包括方体、球体、柱体等。这些基本的单元体是塑造产品的基本形态，利用造型方法对其进行形态塑造，可以得到许多经典的产品造型。

在具体的产品造型设计中，结合不同产品的具体功能和结构要求，使用与功能要求相适应的材料，便会形成千变万化的产品。要将这些基本单元形体塑造为我们想要的立体造型，就需要运用科学的造型方法，进行造型设计。这些造型方法可以简单地归纳为加法、减法、混合法。如何灵活运用这些方法作用于基本单元体，塑造产品形态？需要遵循基本的美学原则和造型规律——对称、重复、渐变、平衡、对比、节奏韵律，以及比例等。

6.1.1　加法

对基本单元体增加点元素或线元素，或改变边线属性，或改变面属性，通过合理的变化，改变基本单元体的体块特征，使其原有组成元素增多、丰富，进而得到新的单元体。例如，长方体将其侧面的边线进行圆角处理，就形成iPhone 4、数码相机等单元形态，如图6-1所示；圆柱体顶面以圆心着力垂直向上拉起，就形成房屋的单元形态。

在进行基础单元体的加法造型联想时，应充分发挥想象，不局限于常见形态的塑造，尝试采用不同角度、不同力度、不同方向，对不同的基本单元体与点线面二维元素进行加法。总之，依照加法法则进行形体的变化，甚至可以尝试颠覆性的加法造型以发现新形态。如图6-2所示HP打印机的造型设计；如图6-3所示为各种形态的家具。

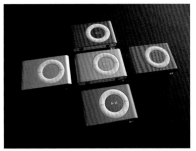

图 6-1　使用加法的单元体设计图例

图 6-2　惠普打印机　　　　图 6-3　沙发造型设计

6.1.2　减法

针对基本单元体采用点元素、线元素，或块面元素，对形体进行减法处理，通过适当的变化，改变单元的体块特征，使新形态更加有层次感和空间感。减法强调形态内部空间的变化和体量的减少。或者说，使一个基本单元体部分"丧失"或者"分离"，在体量上表现为减少，以产生新的单元体形态。如饮水机的设计就是以长方体为基本造型形态、通过对正视图方向面板进行的减法设计。再比如图 6-4 所示手表向内同心切削而成的造型形态。

减法法则的应用形式多种多样。如何在基本单元体上切削，有多种途径、多种形式。对其整体切割，一分为二；或者对其部分面或者体块切割；或一次、多次切割，规则或不规则。既可以是一次的直线式切割，也可以是连续曲线性的切割，如图 6-5 所示。

6.1.3　混合法

在产品设计过程中，一个产品的最终形态不是单纯靠加法或减法就能获得的。往往综合利用加减法，才能创造出千姿百态的美妙造型。就像数学一样，混合法就是加减法的综合应用。教学中先加后减和先减后加其结果是一样的，但在形态的塑造过程中，先加后减和先减后加得出的形态结果却是完全不一样的，如图 6-6 所示。混合法中的特殊形式：分割和变异。

1）分割就是经过加减法后，单元体的形态发生动态改变，但体量没有发生实质性的变化，也可以理解为一个整体分成独立的几部分，各部分之间依然存在有机的联系。分割不是没有章法的随意分割，不是没有目的的"切豆腐块"。要注意其内在完整性以及数理和形态上的关联性和互补性，以形成更富有美感的形态。

分割又分为几何式分割和自由式分割。

a. 几何式分割：分割部分数量不宜过多，否则会支离破碎；比例要均匀，保持总体的均衡和稳定；分割时要注意方向、大小和转折面的变化；力求分割线的舒畅和节奏感、形态的统一感和流畅感，如图 6-7 所示。

b. 自由式分割是完全凭感觉去分割，打破原有基本单元形体的单调和呆板，建立一种有机和动感的形态，使其富有情感和个性，如图 6-8 所示。

2）变异也是混合法中的一种特殊形式，变异的目的就是改变基本单元体的"冷漠"，通过扭曲、膨胀、内凹、倾斜、盘绕等得到具有动感和力度的有机形态。

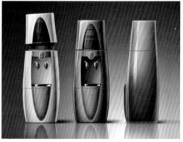

图 6-4 单元体减法练习图例

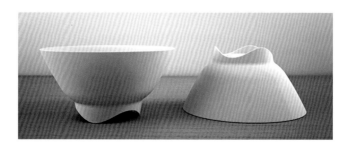

图 6-5 连续曲线性的切割得到的碗图例

图6-6　通过混合法得到蛋椅设计

图6-7　调料瓶　几何式分割

图6-8　自由式分割得到的家具造型

6.2　形态元素的组合与变形训练

6.2.1　点元素的组合与变形

在一般认知中，点的基本特征是弱小，在产品造型中，面积、体量弱小的视觉形态，都可以称为点。虽然点是面积、体量弱小的视觉形态，但却是可以提升产品品质和体现产品细节设计最重要的部分。

点的造型往往体现在产品中的按键、散热孔、排气孔、指示灯、装饰点等。设计往往通过点的形状、色彩、位置、凹凸关系、排列方式、大小比例等构成的不同视觉特征来传递不同的功能和语义，如图6-9所示。

点元素应用训练：

在产品设计中，点元素在产品中所表现出来的张力，是很多元素无法比拟的，这是因为点具有不同的大小、面积、形态和方向性，并且不同的点会让用户使用时产生不同的感受。

1）单体点的应用训练

单体点是相对群体点而言的，单体点在产品中会起到提示、强调的作用。所以，在运用单体点的时候，必须经过慎重的考虑、精心的安排，把单体点放到最能体现它作用的位置。

2）散点的应用练习

散点往往是在面上的群体点，在产品中能起到活跃气氛、点缀画面的作用。密集的点通过一定的规律进行排布，可以形成一种肌理效果，作为背景为产品增添一个层次，起到突出主体的作用。

3）不规则点的应用训练

点的种类有很多，不只是传统意义上圆形的点。点可以是规则的几何形、不规则形，如方形、多边形、不规则图案等。它的变化随产品的需要而定，不同的点给人带来不同的感觉。如圆点往往能给人圆润、充实、不稳定的感觉。多边形点会使人有尖锐、刺激的感觉。不规则的点会让人产生自由、随意、活泼的感觉。

6.2.2 线元素的组合与变形

在产品造型中，线主要表现为轮廓线、分模线、相贯线、轴线、装饰线等，用来表现产品的轮廓、体积、空间和运势。

在产品造型中，线体现了规律在形态中的运用。不同特征的线型组合在一起赋予给产品性格特色，活泼、热情、厚重、理性等。

线特征：线对视觉具有导向作用，长短、曲直、方向等特征和线条的疏密聚散变化，均可构成不同的视觉效果。

垂直线：有生长感和重心稳定的特点，有利于表现硬直、庄重、严峻的视觉印象。

斜线：能表现强烈的运动感。

有机曲线：具有迂回和自由、活泼的特点，造型给人以含蓄、优雅、丰满、柔和、变化丰富的特性。

几何曲线：秩序性强、清晰、肯定，具有理性感。而自由曲线的变化更丰富。如图 6-10 所示。

图 6-9　点元素的组合与变形

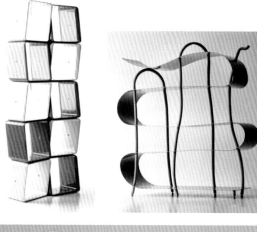

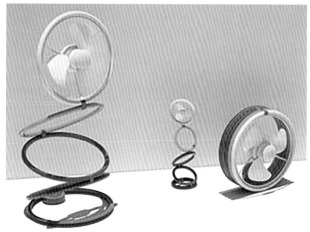

图 6-10　线的各种组合与变形

线元素应用训练：

线元素在造型中不仅具有一度空间，同时，也具有深度、宽度和密度。它的长短反映出物体面积的大小，粗细和疏密则传达肌理和力量感，方向及空间位置关系产品的造型风格。所以，线的训练也是一种独立造型思考的训练。

（1）线的变化训练

在设计中，将线条进行密集、等距离的排列，使线条明显地趋向于面的视觉效果，再把这些不同的线构成的面，经过适当的组合，考虑各部分的大小、疏密、节奏等因素，从而可以创造出优美的视觉效果。

（2）线元素的变化训练

线元素的变化主要包括两个方面：粗细变化与疏密变化。如果将粗细不同的线进行基本的等距离排列，这时，较粗的线条明显地给人靠近、实在的感觉，而细线则表现出远而虚的形态。所以，粗细线的排列变化能塑造一种虚实空间的视觉效果。如果把线按照不同的距离进行排列，线距离大的部分看起来有一种空旷的感觉，而线密的部分，则表现出一种厚实的感觉，这样的处理可以让平面产生纵深的感觉。

6.2.3 面元素的组合与变形

在产品造型中，面主要表现为显示界面、操作接触面（手动与自动）、结构面、功能面等。面的形态特征，取决于面的轮廓线和轴线的特征，轮廓线决定形状，轴线决定凹凸关系与变化，如图6-11所示。

面特征：

几何形态面：明确、庄重、简洁，具有理性的秩序感。

有机形态面：亲切、圆润、丰满、富有弹性，充满生命活力。

不规则形态面：稚拙、朴实、原始，联想到人情味和自然魅力。

面元素应用训练：

不同于点和线，面具有组合与分割立体空间造型的功能。由于面能表达开阔、体量大的概念，往往在设计中，起着定基调的作用。在进行训练时，要注意进行适度的调整，若是面设计过大，就会缺少亮点，会产生单调、空洞的感觉；面设计过小，点线元素所占比例过大，容易发生错乱，出现喧宾夺主的反作用。合理运用一定的空间原理进行面的设计，才能设计出美观的形态。

1）直线形面的应用训练

直线形面广泛运用在简约主义作品的设计中，具有直线所表现的心理特征。如一个正方形能够给人呈现出一种安定的秩序感，在心理上具有简洁、安定、井然有序的感觉。

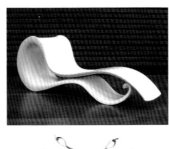

图 6-11　面的组合与变形

2）几何曲线形面的应用训练

几何曲线系形面是以严谨的数学方式构成的几何性质的面，这种面的形态比直线形面更加柔软，有数理性的秩序感。无论是正圆形、椭圆形、弧形，甚至是一个小小的倒角，都能给人心理上带来一种自由与整洁的感觉。

3）自由形态面的应用训练

主要包括流线形、自然形、偶然形等形式的面，它们的共同特点是柔和、自然、活泼。但在进行训练时，要注意任何自由的形态，都要遵循美学的原理，否则，设计时放任自由形态面构成的结果，往往会得到与预设效果完全不同的效果。

6.2.4　体元素的组合与变形

在产品造型中，体主要表现为控制操作体、结构体和功能体等。体表现出的形态感觉由材料、工艺、力学、审美等多种要素共同构成。

立体形态对心理的影响力，主要通过体量感（体积大小和分量轻重）和动静态等关系体现出来。如图 6-12 所示。

体特征：

大体量：给人强壮、沉重感。

小体量：给人精致、灵巧、活泼感。

块状：给人以结实、丰满、稳定的印象。

面状：给人以扩展、充实的感觉，侧面给人一种轻快、流动的心理印象。

线状：给人活泼、轻快的感觉。

如图 6-12 的顶端是阿奎利·阿尔伯格为塞拉伦加设计的"摇摆"多功能坐具，座椅可以重叠使用，可以单一摆放。把中间的坐垫拿开，可以种植植物，当作花盆使用。以其酷似鹅卵石的奇特外形，就算用以纯粹装饰，也为居室增色不少。座椅颜色绚丽多变，既可以单色使用，也可以相互搭配。

体元素应用训练：

在体元素形态训练中，可以大体将体的形态分成块立体、面立体、线立体这三大形态。不同的形态是根据不同的技术要求进行设计的，在进行体的造型设计时，应该首先满足功能的要求。不同的技术背景下，同样一种产品会产生不同的体形态特征。如手机，就经历了块立体到面立体的潮流变化，这种变化是与电子产品技术的不断发展分不开的。

1）块立体应用训练

日常生活中，我们接触到的块立体产品很多，如机械产品、家电产品都会较多地应用块立体。块立体结构比较复杂，部件较多。当然，从心理上来分析，块立体的产品容易给人们带来安全、稳定的心理感受。

2）面立体应用训练

面立体在数码产品中应用得比较多，特别在手机等科技产品中应用得更加广泛，因为面立体给人带来一种轻薄，轻便的感觉，并容易传达出简约的气息。

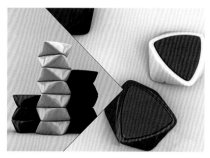
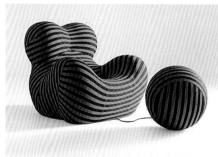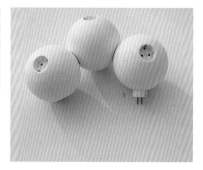

图 6-12 体的组合与变形

3）线立体应用训练

线立体是线元素的拓展，具有线的一些表现特征，如直线系立体就具有直线的表情特征：刚直、硬实、明朗和向上等。曲线系立体形态则有曲线优雅、轻盈、柔和、亲切的特征。

6.3　形态元素的分割与重构训练

分割就是把一个整体独立的几部分。重构，就是将几个独立的形态重新构成一个完整的整体。在设计中，通过形态的分割与重构，很容易获得形态上的"惊喜"，从而创造出新的形态。分割与重构实质上是一种"破"与"立"的过程："破"可以理解为"破坏""突破"，"破坏"本身并不是目的，而是通过这一行为，来产生一个新的形态。

6.3.1　分割训练

在对立体形态进行分割时，分割出来的形态越简单，越富有新意越好。要注意不要分割过小，造成分割体过多导致结构散乱，难以看出它们是由一个完整的几何体组成的，就不能达到训练的目的。

对立体形态的分割有很多种方式，常用的方式是等分割、比例分割、自由分割三种。分割后，分割体应该有一个完整的形态形式，而且，分割体之间应该有一种内在的联系。一个整体分割出来的单元应该具有形态和数量上的关联性和互补性，如何合理巧妙地将一个物体进行分割，并使个体之间有合理的关联与互补关系，是衡量分割过程是否成功的重要标准。

6.3.2　重构训练

重构就是将上一步骤的分割单元组合成新的完整整体的作品。重构不同于简单地排列与组合，需要把握分割的结构特征，找到一个最佳的交汇点，从而让这些杂散的单元重新焕发新的生命。

重构的方式一般有叠加法分离法，翻转法。叠加法，即充分利用分割体之间的这种数理、形态的关联性，进行位移等小规模的变化，达到重构的效果；分离法，即将分割体进行空间上较大距离的错位，但是，要保证分割体在形态上保持一定的呼应和互补，不是简单的分离，"藕断丝连"是对这种方法比较贴切的描述；翻转法是通过旋转、镜像等方法将分割体进行对称处理，使其对称而富于变化。通过上述基本方法，可以挖掘更多的组合和重构造型。

为了更好地激发创意，建议在做这个练习时，通过实体进行思考。如可以使用橡皮泥、泡沫塑料、纸板、黏土等比较容易成形、切割的材料进行构思。

这种直接的触觉方式能给设计师带来直接的空间和视觉感受，这是电脑软件等辅助工具无法完全代替的。

6.4 形态元素的排列与组合练习

多单元体的组合与排列，需要很好地运用美学的原则与方法，以获得最终整体的、优美的形体感。也就是说，多个单元体组合排列时，要注意单体形态之间的关系。

规则性排列与组合有以下几种方式：

多单元体的排列与组合具有多样性的特点。不仅包括完全相同的单元体规则性排列与组合，也包括有变化规律可循的多种单元体排列与组合，即单元体之间的有机联系。如大小规律变化的多单元体、形态间有功能上的联系的多单元体等。单元体的规则性排列组合方式有阵列、镜像和渐变。

1）阵列组合方式

阵列是一种重复性的排列，阵列组合方式包括二维阵列（直线型、曲线形、平面性、曲面型等），三维阵列（球体状、方体状、柱体状），放射性阵列（圆周形阵列）等。如图 6-13 所示。

2）镜像组合方式

镜像组合方式包括对称镜像、旋转镜像和翻转镜像等。

对称镜像就是形体经过镜子的反射成像后，得到一个左右对称的、大小完全一致的新形体，给人以左右平衡和稳定安全的美感。单元体通过对称镜像得到的形体组合，给人以数量上的秩序感。但这种形态缺乏生气，缺少动感，于是产生了以旋转镜像和翻转镜像为组合方式的多单元体组合形态。如图 6-14 所示。

3）渐变组合方式

渐变指形体的大小、组合方向、位置、角度的渐变。

渐变给人以节奏和韵律上的美感。如图 6-15 中的座椅是单元体经过渐变排列组合而得到的形体组合。其单元体随渐变轨迹而发生变化，最终形成一个节奏优美的有机形态。在整体上的翻转镜像使座椅前后发生使用形态上的转移，再经过圆润的渐变过渡，就形成了这个颇具时尚感和韵律美的座椅。

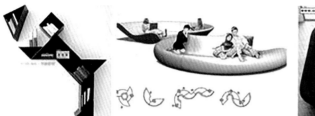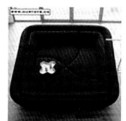

图 6-13　阵列组合范例

图 6-14　镜像组合范例

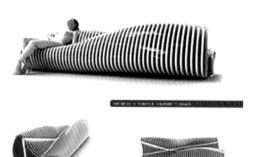

图 6-15　渐变组合方式

6.5 形态元素中的质感与肌理训练

6.5.1 产品质感效果设计方法

质感是指物体表面的质地作用于人的视觉而产生的心理反应，即表面质地的粗细程度在视觉上的直观感受。质感的深刻体验往往来自人的触觉，不过，由于视觉和触觉的长期协调实践，使人们积攒了经验，常常是光凭视觉也可以认识到质感。例如，人用手去触摸大理石时，眼睛也同时在观察大理石的形态，因此，人们所感觉到的大理石表面的光滑、质硬、低温等特性是手眼共同实践的综合结果。所以，人们在看到大理石的时候，不必用手触摸，通过视觉经验就可以认识到大理石表面的质感状态。

在国内外一些关于形式法则的理论中，常把质感与肌理理解为同一种形式要素，其实这是不妥的。质感与肌理之间虽然有一定的联系，但它们仍有各自不同的内涵。因此，这是有必要分别加以论述。

1）质感设计的

（1）调和法则

调和法则是使整体各部位的物面质感统一和谐。在差异中趋向于"同""一致"，使人感到融和、整体，各种自然质材与各种人为表面工艺有相近性，也有排斥性。如塑料制品很少和木制品相配；木制家具配上陶瓷拉手也很别扭，最好在同一质材的整体设计中对各部位作相近的表面加工处理，以达到质感的统一。

（2）对比法则

对比法则就是整体各部位的物面质感有对比的变化，形成材质的对比、工艺的对比。特点是在差异中倾向于"异""对立"。材质的对比虽不会改变产品造型的形体，但由于它具有较强的感染力，而使人产生丰富的心理感受。质感的对比，使人感到鲜明、生动、醒目、振奋、活跃。同一形体中，使用不同的材料可构成材质的对比，如人造材料与天然材料、金属与非金属、粗糙与光滑、高光与亚光、坚硬与柔软、华丽与朴素、沉着与轻盈、规则与杂乱等。使用同一种材料也可对其表面进行各种处理，形成不同的质感效果，从而形成弱对比。

（3）主从规律

强调在产品的质感设计中要有重点。要求在排列组合时要突出中心，主次分明。在产品设计中，应恰当地处理一些既有区别又有联系的各个组成部分之间的主次关系。主体在造型中起决定作用，客体起烘托作用。主次应互相衬托，融为一体，这是取得造型完整性、统一性的重要手段。

在产品的整体设计中，对可见部位、常触部位、主要部位，如面板、商标、操纵件等，应做良好的视觉质感与触觉质感的设计。加工工艺要精良，要质感好、选材好、手感好。用材质的对比来突出重点，常采用非金属衬托金属，用轻盈的材质衬托沉重的材质，用粗糙的材质衬托光洁的材质。

（4）适合规律

各种质材有明显的个性，在质感设计中，应充分考虑质材的功能和价值，质感应与适用性相符。根据这一法则，应特别注意质感与触觉的关系。中国老人黑布帽的额心嵌一块碧玉，现代体育金质奖杯配一紫檀木基座，就是符合规律的成功范例。又如农村的新鲜荔枝用带叶的枝条编成提篮包装，商品的质感和包装的质感相映成趣，引人入胜。既是符合规律的质感设计，在视觉质感上也产生了质材对比的美。

在产品的质感设计中，要灵活地运用基本法则，既要充分发挥材料的特性，利用其独特的色彩、纹理和质感等自然属性，也要充分发挥好多种工艺形成的同材异质、异材同质的人为属性。获得优美的艺术效果，不在于多种贵重材料的堆积，而在于材料的合理配合与质感的和谐运用，即使光泽相近的不同材料配置在一起，也会因其质感各异而具有不同的效果，特别是那些贵重而富有装饰性的材料，要利用"画龙点睛"的手法，在大面积材料上，做重点的装饰处理，这样才能充分有效地发挥材料本身的作用。

2）质感设计在产品设计中的主要作用

质感设计在产品设计中的主要作用可归纳如下：

（1）提高适用性

良好的触觉质感设计，可以提高整体设计的适用性。例如，在照相机的机身上粘贴软质人造革材料，手感十分舒服，柔软的触感会增添人内心的舒服感，使人更乐于接触它。产品的功能性、适用性无疑得到了提高。又如机箱、收录机、仪表等产品上的开关按钮等操作件，表面压制凸凹细纹，有较明显的触觉刺激，不仅易于使用，还能避免因滑动产生的各种失误。在一些情况下，如果质感设计不好，同样会造成产品功能上的缺失。

（2）增加装饰性与多样性

良好的视觉质感设计，可以提高工业产品整体设计的装饰性，还能补充形态和色彩所难以替代的形式美。如各种陶瓷釉面的艺术设计，是典型的视觉质感设计，朱砂釉、雨花釉、冰纹釉、结晶釉等，给人以丰富的视觉质感形式美的享受。又如印刷品上各种荧光油墨，金、银油墨，各色电化铝烫印，都是视觉质感的设计，带有强烈的质地装饰美。如苹果公司iPhone手机的质感设计追求极简之美,质感就弥散着理性主义和逻辑精神,大大提高了产品的设计语言。

（3）获得经济性和高附加值

良好的人为质感设计可以替代和弥补产品的自然质感，可以节约大量珍贵的自然材料，降低成本，达到工业产品整体设计的经济性。如塑料镀膜纸能替代金属及玻璃镜；装饰耐火板可以代替高级木材、纺织品；各种贴墙纸能仿造锦缎的质感。现在一些产品表面的金属质感是通过塑料表面电镀而获得的，这既降低了成本，又可获得金属光泽时尚高贵的质感，达到了经济性目的。

6.5.2　产品肌理效果设计方法

肌理是指物体表面的组织纹理结构，即各种纵横交错、高低不平、粗糙平滑的纹理变化，是表达人对设计物表面纹理特征的感受。肌理的质感都属于设计的形式要素，肌理一方面作为材料的表现形式被人们所感受，另一方面则体现在通过不同的材质、不同的加工工艺产生出不同的肌理效果，并创造出丰富的外在形式。

1）肌理设计的形式美法则

（1）重复构成法

单个肌理往往不能形成一种很好的视觉效果和质感效果，设计中，可以通过重复的方法，将小单元的肌理用作产品的表面处理、表面装饰等。

（2）对比构成法

在肌理的运用中，对比法是常用的方法。已经普遍应用于建筑、平面、视觉等设计中。通过对比，可将不同的肌理特性更加突出地展示出来。

（3）渐变构成法

将小单元的肌理应用在设计中，将其进行有规则的放大与缩小，有序地组织在一个面中，能够得到一个比较自然舒服的视觉效果；同时，也能在功能上实现比较舒适的质感与触觉效果。

2）肌理的制造方法

在产品制造中，不同的制造流程与手段，产生的肌理效果也各不相同。当前，在产品上产生肌理的方法主要有印刷、琢刻、模压、腐蚀、黏合、编织、打孔等。了解这些不同方法产生不同的肌理特征，对设计会有非常大的帮助。

（1）模压与冲压法

模压与冲压法是现代产品最常用的肌理成型方法，可以使平整的表面产生肌理，根据设计好的模具，可以进行大批量的生产，成型规则且稳定。

（2）腐蚀法

在金属和玻璃材料中，都可以运用腐蚀的手段进行肌理加工，如玻璃的喷砂工艺就是其中的一种，能产生很强的浮雕效果，在金属上进行腐蚀处理，能得到印刷般的效果。

（3）黏合法

黏合法常用于肌理对比中，在同一产品中使用两种及以上的肌理时，往往要通过这种方法来实现。如在光滑的表面中黏合进来另一种材料，就改变了原有表面的肌理效果，可以产生单一材料肌理完全不同的功能和视觉效果。

（4）编织法

编织是一种传统的工艺手段，可以将细小的线性材料通过组织产生一种新的特性。现代产品中，除了使用线性材料进行直接设计，也常常借用织物材料的肌理元素，将其肌理形式运用于不同的材料上，产生新的肌理效果。

（5）打孔法

在不同的材料上，进行有设计的打孔，使表面的平滑特性得以打破。除了设计上的视觉效果外，打孔的材料可以用于散热、通风等功能上的作用。

6.6　形态元素表达设计情感训练

趣味化产品形态、功能、肌理、触觉以及产品的背景和相关的故事能吸引消费者，使消费者产生一定的共鸣的具有审美体验的产品。随着信息时代的发展，人的压力逐渐增大，精神生活相对匮乏，迫切需要精神上的放松。同时，也由于物质生活的丰富，对产品的要求不仅仅停留在对产品的基本功能的需求上，而是上升到一种心理精神等附加价值的取向上。此外，在现代主义文化的背景下，新一代的产品除了继承现代主义严谨、理性的特点外，越来越多的设计师不断将"趣味化"的审美元素融入产品的造型和功能中，新式材料和现代科技都成为演绎新趣味的手段，创造出集实用性和娱乐性于一体，充满人文和艺术情调的可爱产品。用有趣味的形式唤起人们各种情绪的同时，企业也从中获得了大量的商业利润，"趣味"成为企业创新设计的源泉。趣味化设计就是在这一背景和前提下发展而来的，天马行空的趣味化产品更是成为流行时尚的标志，并成为未来社会设计发展的方向之一。

情趣化产品设计继承了很多后现代主义语义下的设计语言。它利用设计本身的优势来达到一种非生命的产品与人的互动，更好地构架起产品与使用者之间的桥梁。概括起来，产生趣味的方式主要有：

6.6.1　生趣

设计者可以从自然界的事物中进行形态的提取与概括，用生动灵活的形态使产品产生趣味，如图6-16所示。

6.6.2 机趣

设计者通过巧妙和机智的设计使产品具有良好的功能和形式，如图 6-17 所示。

6.6.3 谐趣

产品用一种轻松、游戏的形式创造出幽默、滑稽的形态，打破常规的产品形式。如图 6-18 的设计表面看上去是气球装饰、实际是壁灯加衣帽挂架。这类产品的幽默效果非常容易受人喜爱。

6.6.4 雅趣

产品中的雅趣是一种生活格调的体现，表现出一种生活的精致、高雅和讲究。此类产品主要是从生活的细节入手。如图 6-19 酒杯的设计，就是充分考虑到人们用此类杯子饮酒时鼻子的尴尬处境进行的创意设计。

图 6-16　生趣设计

图 6-17　机趣设计

图 6-18　谐趣设计示例

图 6-19　酒杯设计

6.6.5 情趣

从情感角度出发，一般所体现的是甜蜜温馨的气氛，如图 6-20 的调味瓶设计与餐具设计。

6.6.6 稚趣

稚趣是人对无忧无虑的生活的向往、对童年的留念、对复杂世态的躲避和对人世险恶的恐惧。稚趣的产品没有太多的深度，多属于感官知觉类，但讨人喜爱。通常表现为色彩亮丽、活泼，多具象仿生瓜式，简单易学。如图 6-21 这些都是充满稚趣的创意产品设计。

6.6.7 奇趣

以出奇夸张怪诞的形式，使产品产生趣味，如图 6-22 所示。

一般在构思趣味型的产品形态时，可以从以下几个方面进行考虑。

1）可爱的产品形态

卡通形态，律动形态。

2）生动的色彩搭配

颜色设计对产品形态的表达起着重要的作用，在情趣化产品的设计中色彩尤为重要。美国视觉艺术心理学家卡洛琳·布鲁墨（Carolyn Bloomer）认为，"色彩唤起各种情绪，表达情感，甚至影响我们正常的心理感受"。

3）合理运用材质

材质也是表现产品视觉情趣语言不可或缺的要素，对产品形态的表达同样产生影响，产品材质的情趣语言很大程度上来自人们对它的触觉体验，这种视觉和触觉的交融，让人们在使用产品的过程中产生丰富多彩的情感体验。

4）设置巧妙的使用方式

产品在特定的使用环境中能够产生特别的情感联想，通过使用体验来感受产品的情趣性才是产品设计的最终目标。如图 6-23 所示碎纸机日历。

图 6-20　调味瓶与餐具设计

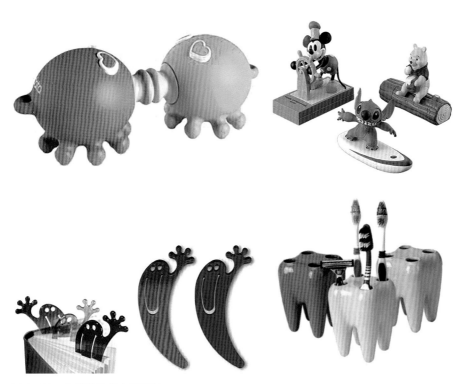

图 6-21　充满稚趣的产品设计

图 6-22　各种各样的奇趣设计

图 6-23　碎纸机日历

课后思考:

1. 根据对形态元素的了解, 运用不同的方式对相同的元素进行不同的形态构成。

2. 运用形态元素的分割与重构训练进行形态设计。

产品形态设计的创意来源及创意方法

在前面的章节中，我们对产品形态设计的造型要素：点、线、面、体、色彩、质感、肌理等，各自的特性和功能分别做了详细的介绍，并且讲解了把这些形态要素组织在一起的基本形式法则，以及不同形态对人的心理产生的不同作用。从理论方面对产品形态元素的基本概念和产品造型的基本原理有了一定的认识。那么，在具体的设计实践中，关于产品形态的问题，应该如何入手呢？

产品形态设计也叫产品造型设计。无论何种类型的人造产品，飞机、汽车、电器、日用品，都要经过预先的计划，按照预设的目标，通过不同工艺对不同材料进行加工整合的过程。其中，被制造成型的物品必然有一个具体可感的外形，这个客观存在、可被感知的人工外形，是设计师运用点、线、面、体等一切感性材料构筑而成的一个的视觉形象，有了这个"雏形"，通过进一步细化和完善，以"满足消费者的某种需要"为目的的产品才得以被生产制造。其中，创新是设计实践中要解决的关键问题。

本章将回到设计的起点，追溯创新形态的来源，针对在产品形态设计的初期，关于如何找到造型创意、构思一个创新形态等问题展开讨论。

7.1 创意从何而来

产品形态设计包括物体外部的"形状""外形"，以及蕴藏在物体内部的"神态""姿态"，产品的形态就是"外形"与"神态"的结合，好的产品形态透过外在的"形"，传递出内在的"态"，形与神兼具。图7-1是芬兰杰出的设计师阿尔瓦·阿尔托设计的有机形态花瓶，创作的灵感来源于芬兰湖泊的边界线。自由曲线勾勒出起伏的轮廓，传达出生动韵律的柔软感。通透的玻璃材质，象征波光粼粼的湖水，自然生态美感油然而生。

设计师运用各种材料塑造出产品物质的"形"，且整个成"形"的过程都带着明确的目的，为了实现产品的具体功能、满足人类的需求，在使用环境、目标人群、工程技术、材料、成本等众多限制条件的约束下，经过反复推敲、评估、验证、优化，最终确定成型。一方面，这是一个理性、严谨的造型过程，体现了产品形态设计科学性的一面。另一方面，为了满足和适应消费者更高层次的精神需求和审美品位，以及应对市场上同类产品技术趋同的激烈竞争，对产品形态设计的艺术性方面提出了更高的要求。

产品形态设计不仅要有严谨合理的结构、能科学高效的使用，还要具备美观、新颖、富有个性的特点。同时，还应关注用户的情感化体验，与文化元素相结合，做到技术与艺术的统一，主观与客观相统一，内外结合，形神兼备。

图 7-2 某品牌两用自行车座椅，这款二合一的产品采用适宜的材料、新颖的结构设计，易于安装、使用灵活，能从一个儿童自行车座椅变为婴儿推车，为骑自行车带孩子出行的父母带来极大的便利。该设计还体现了环保设计理念，鼓励人们选择低能耗、零排放的出行方式，既有趣又实用，让父母和孩子都能享受自行车骑行的乐趣。

以上是对产品设计的总体要求，在实际的设计流程中，每个环节都会出现各种复杂的问题，不是单靠哪一位设计师就能够解决的，产品的形态设计环节需要配合市场部、工程部，与多学科团队通力协作，才能把好的设计转化为好的产品。如图 7-3 所示。

7.1.1　什么是创意

图 7-1　有机形态花瓶　阿尔瓦·阿尔托

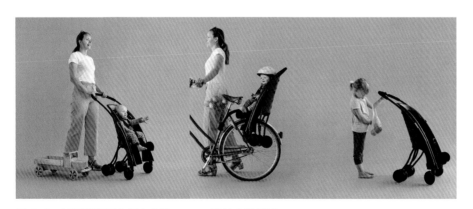

图 7-2　某品牌两用自行车座椅 2021 IF 设计金奖 瑞典

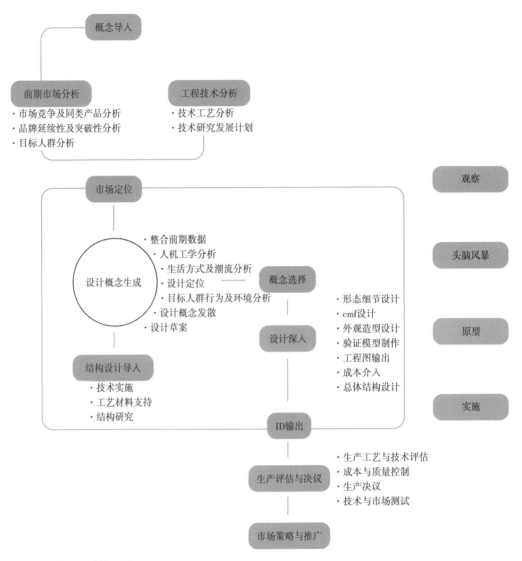

图 7-3　产品设计流程图

产品设计行业是戴着镣铐跳舞的行业。因为产品是实现功能的载体，会受到严格的制约，设计过程也会有严格的流程规则进行把控和管理。所以，创意设计并非天马行空、随心所欲。那么，设计师在如此多限制条件下，如何灵感保鲜，并且还能持续不断地产生好的创意的呢？

首先，从词义上解释"创意"和"灵感"这两个既有区别又有联系的概念。

1）创意

"创意"作为名词，是指一切有创造性的想法、构思等；用作动词时，是指提出有创造性的想法、构思等。创意存在于人类世界的各个方面，它可以是生活上的一个小点子、科学上的一项新发明或是艺术上的一件新作品。在设计领域里，它是新颖、适当、独特有用的想法，将这些想法应用于设计制造出的产品。设计是典型的创造性活动，其本质就是创新、突破与改变。

需要注意的是设计创意，实际上是在形象思维、逻辑思维、联想思维、发散思维、逆向思维等多种思维的共同作用下，充分调动创造性思维进行的创意。设计创意具有四个阶段，准备阶段、酝酿阶段、明朗阶段、验证阶段。如表 7-1 所示。

表 7-1　设计创意四阶段

创意四阶段	工作内容	思维方式	特点
（1）准备阶段	发现问题，搜集信息，概括、整理、分析、定义问题	以形象思维为主，逻辑思维为辅	非逻辑粗略性，初步尝试寻找解决方案
（2）酝酿阶段	分析和重组信息与资料，多角度、多侧面探索和思考解决问题的方法	发散思维、逆向思维、侧向思维等多种思维形式交替使用、共同发挥作用	潜意识思考，酝酿期、所用时间有长有短
（3）明朗阶段	思索和酝酿各种信息，产生设计创意，实现构思	以形象思维为主	灵感、顿悟
（4）验证阶段	发展设计创意，反思、分析、推敲、验证，使之可实际应用于设计	以逻辑思维为主	实用性、可行性

2）灵感

"灵感"是指在文学、艺术、科学、技术等活动中，由于丰富的知识和长期的积累而突然产生的富有创造性的思路。"灵感"通常被认为是一种天赋，是天才与生俱来的灵气，有一种遥不可及的神秘感。这是因为灵感往往是突如其来、稍纵即逝、不由自主的，有很强的随机性，很难预料和把握。不只是设计师，灵感是我们每个人都向往和苦苦追求的，特别是在绞尽脑汁、冥思苦想都不得其解的时候，期望在不经意间突灵光一现，进而茅塞顿开、思如泉涌。这就是灵感现象，虽然它看似虚无缥缈，但它是客观存在的。

设计领域也存在"灵感"现象。研究表明，设计灵感存在于设计创意过程中最核心的阶段——明朗阶段。是在新的信息刺激大脑后，激荡了储存于长时记忆中暂时难以提取的信息，触发了思维的迸发，经过积极地加工和重组而产生的。

3）区别与联系

要区分创意和灵感现象两个不同范畴的概念。设计创意具有四个阶段，是创造性思维发展的过程，强调整个过程；而灵感只是其中一个阶段会出现的现象。所以，灵感是创意的重要因素，创意和灵感是整体与部分的关系。

袁隆平曾说："灵感是知识、经验、追求、思索与智慧综合实践在一起而升华了的产物"。也就是说，灵感来源于人脑中原有的知识存储、记忆和经验。设计灵感实际上也是准备阶段、酝酿阶段积累的反映。虽然灵感的产生表现出随机性、不可控性，但其产生的前提还是需要有足够的知识和经验积累。在设计过程中，我们不能守株待兔、坐等灵感的光顾，要主动创造条件，增加灵感产生的概率。不可懈怠，要随时做好准备，一旦遇到新的触发点和契机，能够在第一时间捕捉并启动思维的开关，促进设计灵感的诞生。与灵感的随机性不同，创意需要通过联想、想象等方法主动探索和触发。所以，不管是被动产生的灵感还是主动探索的创意，两者的相同之处就是需要设计者通过长期的知识积累、坚持不懈地实践，不断学习、不断提高自身素质和修养。优秀的设计师与普通人的区别在于，他们具备"T形"知识架构。T中的横线代表知识的广度，竖线代表知识的深度。对于设计者来说，要为创意中灵感的产生创造条件，就需要多看、多学、多积累，丰富和拓宽知识面，热爱生活、善于观察、善于发现、广泛收集各种信息，保持思考、养成随时记录的习惯。

7.1.2　创意的方法

创意的产生，主要依赖人的创造能力。创造能力是非常个人化的，它需要长期的知识、记忆、经验的积累。虽然创造能力难以教授和复制，但我们可以通过创意方法的学习来提高个人的创造能力。好的创意，源于主动寻找触发点，激发灵感的闪现，是设计者长期实践积累的结果。可以用一些技巧和方法来激发和诱导创意的产生。下面介绍几种常用的创意方法。

1）发散法

（1）发散思维

发散，是从一个点出发，向周围的各个方向散开，就像太阳发出的光线，从中心向四周扩散。创意中的发散要求我们的思维从起点开始无限扩散，是一种呈放射状的思维模式，叫作发散思维，或者放射性思维，它表现为思维视野的广阔，思维呈现出多维发散状。发散思维有利于我们打开思路，打破常规，从不同方向、不同角度去思考问题，拓宽构思的范围，寻求解决问题的多种可能性。特别是在创意初期，发散法能有效地激发我们的思维。"一题多解""一物多用"就是发散思维的最佳表现。与发散思维相对的是直线思维。直线思维就是沿着一个方向、一种结果去思考，这种思维模式会阻碍我们的创意，是设计中不可取的。发散思维是创造性思维的最重要的思维方法之一，是衡量创造力的重要标准。

（2）设计原点

那么，应该从哪里开始发散呢？思维的起点在哪里？

其实，这个起点就是设计的"原点"，它是发散思维最核心的因素。不管是改良产品设计还是概念产品设计，都是从人的现实需求与潜在需求出发，这种原始需求就是设计的起点，即"原点"，也就是产品的本质功能。人使用产品是为了满足某种需求，当我们开展一项设计任务时，首先，要探究的问题是：人最根本的需求是什么？这件产品解决什么问题，产品的本质属性到底是什么？回答这些问题，就是在寻找创意的原点。

寻找创意原点，要求抛开一切已有的固化模式和经验中的固定认知，真正从本质概念出发，追根溯源，找到最初的、最根源的问题点。创意需要打破已有的固定模式，有破才有立，从源头出发，进行创新。

例如，面对一个主题"灯具设计"。大多数人的头脑里马上就会浮现出这样的画面：一个方形或圆形的灯罩加上光源，立在底座上的是台灯，用一根电线悬挂并固定在天花板上的是吊灯……各式各样的灯具归纳起来不外乎就是灯罩＋光源＋底座的固定模式。如果一开始就想到一个最终的产品，这种直线思维就很难去突破。

我们要思考灯具的本质是什么，灯具是为了解决照明的问题，要实现照明的功能，它要满足发光的条件。所以"发光"是灯具的本质属性。如果把发光作为设计的原点，我们可以从光的特点上进行思维发散。比如，有光源、明亮、温暖等。另外，生活中的"光"与人有很多情感上的联结，我们会想到光是温暖的，象征光明、希望、方向感、安全感等，这样思路就会扩展开，我们还会想到与这些情感因素产生关联的若干物象，比如，太阳的东升西落、月亮的阴晴圆缺、山顶日出、日暮、向日葵、灯塔……从最本源出发，找到设计的原点，并把经验中积累的其他概念联系起来进行逐层发散。虽然设计的最终目标是灯具，但经过创新后的产品形式与深度已经大大提高了。如图7-4，BanBada台灯设计的主题是月亮在海上升起和落下，将"海上明月"的唯美意境融入桌面台灯设计中，月亮阴晴圆缺的自然节律为调节台灯亮度的方式提供了灵感。

图 7-4　BanBada 台灯

2）列举法

列举法作为一种创造性思维方法，是通过把所要解决的问题进行列举，有针对性地进行创造性思维思考。根据列举点的性质，主要包括希望点列举法、缺点列举法、特性列举法等。

（1）希望点列举法

希望点列举法是从设计主体的意愿出发，对新产品提出的各种希望和新的设想。如希望产品具有什么功能、外观、方式等，经过分析、归纳后，确定设计的方向，并沿着所提出的希望点进行创造。列举希望点，可不受现有设计的束缚，是一种更积极、主动的创作方法。如图 7-5 的两款儿童体温计。设计者提出希望点，希望儿童专用的体温计与普通医用的水银体温计不同，既能方便快捷地完成测量，又可以像玩具一样有童趣、卡通式的外观、活泼明快的配色。当父母为孩子测量体温时，孩子不但不会抗拒，还会主动配合，愉快地接受体温测量。

（2）缺点列举法

缺点列举法是通过列举现有产品的缺点，发现问题，分析原因，并考虑哪些缺点可以改进，从而找到创意点，提出新方案。

希望点列举法和缺点列举法看似相对，但多数时候是同时进行的。当你在列举缺点、发现问题时，很容易顺势想到希望点，比如，传统立式熨烫机太笨重、占空间是它的缺点，希望能通过轻量化设计使手持熨烫机更轻巧，加上折叠的结构易于收纳便于携带。所以，综合运用这两种列举法，相互启发，可以达到事半功倍的效果。如图 7-6 大宇可折叠便携熨烫机。

（3）特性列举法

特性列举法是用不同词性的词语去列举产品最基本的特征、如外形、结构、材料、颜色、功能、使用状态等，可以用名词、形容词、动词等列出与词性相应的特性，并以此为起点，研究如何改变这些特性，让产品变得更好。特性列举法是美国克劳福德在 1954 年提出的一种创意思维策略。他认为世界上一切新事物都出自旧事物，创新必定是对旧事物某些特征的继承和改变。例如，家用沙发最基本的属性是柔软的、舒适的、供人休息坐卧使用。在此基础上，还可以通过特性列举法，使沙发的定位更加明确和详细。比如，用名词进行列举有单人座、头枕、曲线等与外形相关的特性；用动词列举有移动、折叠、调角度等与结构相关的特性。由此展开后续的深入设计。

3）关联法

关联法是把表面上看起来毫不相干的两种或多种事物强行组合在一起，打破常规，从不同角度进行思考，找出可以产生联系的因素，最后，从其相关性中得到启发，从而获得创意的思维方法。比如，水枪＋雨伞＝伞柄可以抽水的儿童趣味雨伞（图 7-7）；深泽直人设计的电视遥控器（图 7-8），把看似完全不相干的两件日常之物关联起来。人们每天都会刷牙，挤完牙膏后，会习惯性地把牙膏直立放回原位，设计师通过对生活的细致观察和深入思考，把遥控器和管状牙膏的使用方式结合起来，设计出一个有牙膏底面的遥控器，巧妙地引导用户把遥控器直立放在桌面上，解决了人们在沙发上找不到遥控器的问题。

再比如，当要设计时钟时，尝试变换角度从多个方向去思考，就可以找到很多有相似特点的其他事物与之产生关联。如时钟与齿轮、日晷、水流、太阳起落、月亮圆缺、季节更替、水滴石穿等事物或自然现象，在匀速、转动、节律、永不停歇、不可倒退等特点上能找到联系。利用强制关联法设计时钟，就会产生很多创意，再深入研究这些创意的意义和可行性，从而形成新产品的设计方案。

图 7-5　儿童体温计

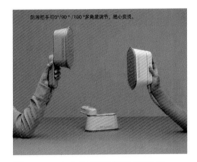

图 7-6　大宇可折叠便携熨烫机

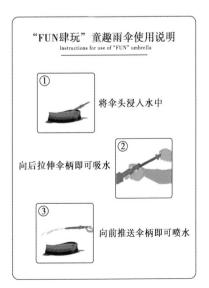

图 7-7　蔚来"FUN 肆玩"童趣雨伞

图 7-8 深泽直人遥控器

4）头脑风暴法

头脑风暴法是由亚历克斯·奥斯本提出来的用于广告设计的一种集体创意思维方法。该方法主要由 3 ~ 10 人的小组人员在正常融洽和不受任何限制的气氛中以会议形式进行讨论、座谈，打破常规，积极思考，畅所欲言，充分发表看法。如今这种无限制的自由联想和讨论广泛应用于各行各业，其目的在于产生新观念或激发创新设想。当然，在讨论开始之前，要提出一个主题，再围绕这个主题发表各自的想法。为了保证头脑风暴讨论的效率，由主持人进行方向和时间上的把控，发言不能漫无目的、脱离主题，也有专门的人员负责记录和总结。美国一家商业创新咨询公司通过头脑风暴法搜集灵感和激发创意，他们的研发人员使用便利贴、思维导图、关键词、草图、草模等语言和视觉的手段进行高效交流，在思维相互碰撞的过程中，能使组员的设计构想更加清晰，并且在相互鼓励相互补充的状态下，让一个看似平凡的想法不断升华，最终形成优秀的创意，如图 7-9 所示。

7.1.3　提高创意能力的基础

伴随着"灵感"现象的"创意"就好比黑夜中流星划过，它绚烂、闪亮，给人带来惊喜和震撼。但它也像流星一样，不知何时会出现，何时会消失。设计中的创意虽然主要反映在思维过程的明朗阶段，并通过灵感闪现或思维顿悟的形式突然出现，让人欣喜不已，因为成功就在眼前，找到了解决问题的方法。但需要强调的是，如果没有前期大量的观察、思索、积淀作为基础，就不会产生"山重水复疑无路，柳暗花明又一村"的豁然开朗。任何一个好的想法都不可能凭空出现，只有积极主动地探索、坚持不懈地钻研，为获取灵感、产生创意做好充分的准备，才能化被动为主动，化偶然为必然，创意才能细水长流地产生。

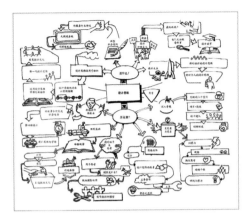 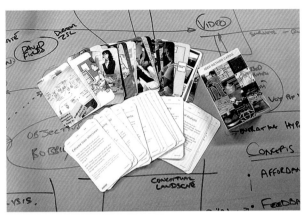

图 7-9　头脑风暴法案例展示

我们知道，创意的本质是创新、突破、改变。创意的产生通常是依靠设计者个人的创造能力，虽然设计师个人化的创造能力无法习得，但创意的方法是有一定规律可循的，我们可以通过科学的训练，勤加练习，不断提高创意的能力。除了专业的技能训练，还要不断积累知识和经验，不断提高文化修养，提高表达和交流的能力以及逻辑思维能力，这是培养创造性思维能力的前提和基础。

7.2　来自大自然的灵感——仿生设计

自然，是创造之源。我们从大自然的神奇造物中发现了不计其数的有着独特美感和强大功能的形态。人类生活在自然界中，与周围的生物朝夕相处、和谐共生，生物各种各样的奇妙本领，吸引着人类去想象和模仿。自然界中的万事万物，包括有生命的动物、植物、微生物，以及没有生命的宇宙星体、山川河流、海洋湖泊、风雨雷电……无一不启发着人类的创造，如图 7-10 所示。我们在欣赏和赞叹自然美的同时，也期望能创造出和自然形态一样有着无限生命力的人工形态。自然的美不仅存在于由外形、色彩、质感、肌理等因素构成的外部形态中，还存在于自然物的结构、运动、功能等内部组织中，由内到外，都吸引着人们去观察、探索、模仿，并通过创造性的劳动，创造出与自然物密切相关的人造物，使人类的生存环境与自然达到高度融合。自然是启发创作灵感的最好范本，给人类造物带来了科学和美学的启示。

仿生设计是以自然界万事万物的"形"、"色"、"音"、"功能"、"结构"等为研究对象，有选择地在设计过程中应用生物的特征原理进行的设计，同时结合仿生学的研究成果，为设计提供新的思想、新的原理、新的方法和新的途径。其中，仿生物形态的设计是在对自然生物体，包括动物、植物、微生物等所具有的典型性的外部形态的认知基础上，寻求对产品形态的突破与创新。

从人类造物的进程可以看到绝大部分人造物都或多或少有模仿和借鉴自然的痕迹。可以说，自然界是人类发明及创造的源泉。例如，科学家根据青蛙眼睛的特殊构造发明了电子蛙眼；根据蝙蝠的超声波回声定位功能研制了声波传感器；根据苍蝇的复眼原理发明了蝇眼照相机；根据大象鼻子的骨骼结构，研制出能360°自由转向，高度灵活，用于生产线装配的机械手臂，如图7-11所示。仿生设计与科技紧密结合、相互促进的例子数不胜数，仿生设计不仅是对生物体外观形态的模仿，更多的是对自然物内在的生成原理进行学习和升华。自然是最伟大的设计师，人类就是在不断探索自然的过程中得以发展和进步的。

德国设计大师科拉尼说："设计的基础应来自诞生于大自然的生命所呈现的真理之中。"大自然是科拉尼的灵感宝库，最能代表他个人风格的"流线型设计理念"就是来源于自然物质自由流动、随机变化的各种曲线，他塑造的作品动感十足、富有生机，极具想象力，他被誉为"21世纪的达·芬奇""离上帝智慧最近的设计大师"。与主流的德国设计讲究严谨和理性的风格截然不同，科拉尼的设计既有自然生物的影子，又不完全取自某一种具象的生物，而是一种新的融合与升华，如图7-12所示。

"仿生设计"是"模仿自然生物的设计"，自然万物是我们的模仿对象，但不能盲目地复制或照搬，需要对生物原型进行全面而细致的研究，找出本质的、可被利用且最有价值的特征元素，并且有选择地对这些特征进行处理。那么，如何发现这些特征元素呢？

7.2.1 观察、思索、积累

1）观察

观察是我们认识客观世界的一般方法，也是人类进行科学探究的基本方法。作为一种科学的研究方法，"观察"并不只是简单地用眼睛去"看"，而是一种有目的、有计划、比较持久的知觉活动，需要调动视觉、触觉、听觉、嗅觉等多种感官，多角度、多层面、多手段，全面细致地对研究对象进行观察。在观察活动中所需要的能力叫作观察力，它是发现、认识、记忆事物现象的能力。观察力也是启发创意思维必备的最基本的能力，每一位设计者，特别是初学者，都要养成随时随地观察的习惯，热爱大自然，关注生活的点滴，保持好奇心，多看、多想、多积累。

图 7-10　形象各色的自然物

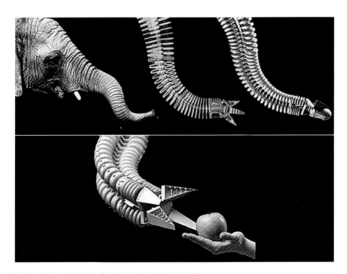

图 7-11　模仿大象鼻子的机器人手臂

图 7-12 科拉尼的作品

研究表明，人类对客观事物的认知最主要的途径是视觉，人们主要依靠眼睛来感受外界的美与丑。所以，观察的第一步就是从直观的感觉要素入手，通过眼睛的审视来获取有效信息。全面细致的观察能发现更多的闪光点，在"看"的时候，要有计划、有逻辑、有比较地进行细察，从各个方向、从表到里、从整体到局部、从宏观到微观，有序观察、进行思考，深入挖掘所选事物独有的特征元素，或在对比中发现同类事物的异同与联系。在观察微观细节时，可以借助现代仪器来辅助肉眼的"看"，放大镜、照相机、显微镜可以把肉眼难以看到的微观景象呈现出来，如图 7-13 所示。如果需要观察生物体的内部结构，可以按其生长特点进行拆解，从而察看生物体各个部分的组织关系。也可以沿轴线切割或解剖，获得整齐的切面，对各个局部形态和内部组织进行观察，如图 7-14 所示。总而言之，观察是一项手脑并用的知觉活动，要想获取更多不一样的有效信息，就要根据研究对象的特点，选用适当的研究方法和观察手段，层层深入，多角度、多层面对研究对象的形态结构特点进行剖析，从中提取需要的元素，如图 7-15 所示。

2）思索

观察的目的是发现自然形态的美，以及研究生物体存在的合理性，从大自然的智慧中得到启发，并作用于人类造物的活动中。通过视觉的观察可以获得自然物优美的外形、绚丽的色彩、奇特的纹理、巧妙的结构，以及合理的内部组织等特征元素。同时，结合触觉、嗅觉等多种知觉，能丰富对观察对象的认知，也能扩大创意的范围。

在研究的过程中，除了用上眼睛、耳朵、手等感觉器官，还要用脑用心，也就是思索，思考与探索。我们选定的材料首先通过各种感官向大脑传输多觉信号，在大脑皮层接收信息的同时，积极地对观察所得的信息进行加工处理，经过诸如思考、辨别、分析、比较、筛选、概括、归纳等一系列工作后，使之可以被使用。

3）积累

积累是设计人员必不可少的一项工作，它是把观察、思索所得到的有用信息即时进行储存，并用于扩展再生，建立可能产生创意的信息储备库。我们每个新想法都来源于经验的积累，都有熟悉事物的影子，创意的本质就是要打破已有的固定模式，把经验中的可用元素重新排列组合。如果储备的元素越多，就有更多重组的方法，得到的创意元素越多，创意也就能源源不断地产生。可以通过视觉笔记、分类图片库、设计日记等方式进行积累，建立方便自己查阅的创意素材库，如图 7-16 所示。

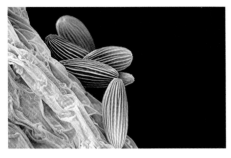

图 7-13-1 显微镜下的植物花粉微粒

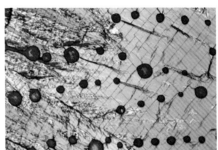

图 7-13-2 显微镜下的酒滴

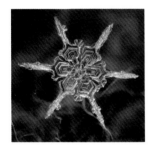

图 7-13-3 微观摄影：雪花的正六边形结构

图 7-14 切割（解剖）后的横断面形态

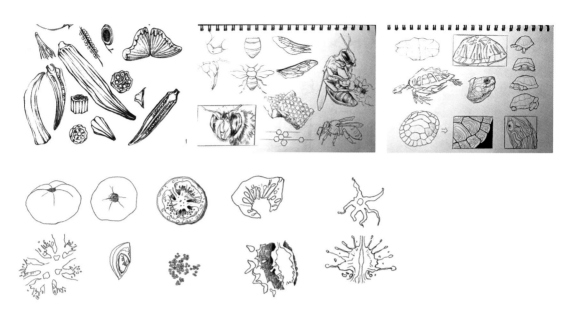

图 7-15 从不同角度，从表到里、从整体到局部，多切面、多局部全面观察

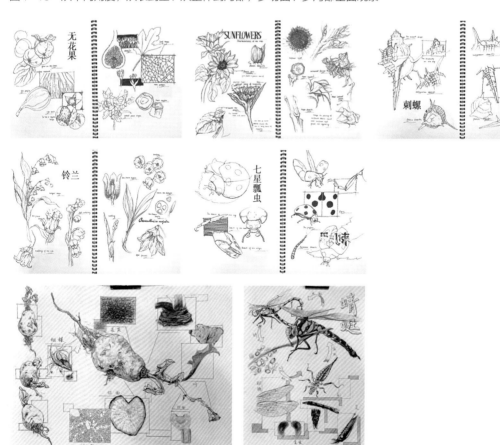

图 7-16 观察笔记

7.2.2　抽象

设计是人类思维的产物，运用仿生学原理，从自然中发现设计要素，在自然物外观形态和样式的基础上，融入设计者的主观创造，使设计作品既有人们熟悉事物的影子，能唤起人们对经历过的、见过的某种物像的记忆，觉得似曾相识，但又打上人为创造的烙印，重新出现在世人面前。人类关于美的认知来源于对自然美的感性经验的积累和总结，自然物有自己独特的美感和功能，这种独特同时又具有普遍意义。选择人们所处环境中的植物、动物等自然形态为视觉原型，通过探索和解析，从自然规律中发掘新的造型方式，创造出审美与功能为一体的形象。仿生设计的产品带有天然的亲和力，有利于消除人与机器之间的隔膜，比直接用纯粹形态或几何形体来造型的产品，更易于被人接受，如图7-17至图7-19所示。

自然物种类繁多，各具特色，值得我们细心观察。日本设计大师原研哉说："设计不是一种技能，而是捕捉事物本质的感觉能力与洞察能力。"通过观察、思索、积累的长期实践，不断提高自我的观察力、审美能力以及形态分析的能力。自然物的成形是自然演化的结果，有很强的随机性。人类的创造要对自然物质的普遍成形规律进行研究，分析其形态结构存在的原理，探寻其最主要、最典型的特征，并加以利用。从自然界千变万化的形态中提炼出可以用于创新人工形态的元素，需要经历一个复杂的抽象和概括的过程。

何为抽象？抽象是指从众多的事物中抽取出共同的、本质性的特征，而舍弃其非本质的特征的过程。具体地说，抽象就是人们在实践的基础上，对于丰富的感性材料通过去粗取精、去伪存真、由此及彼、由表及里的加工制作，形成概念、判断、推理等思维形式，以反映事物的本质和规律的方法。其中，"抽取"是一个动词，可理解为抽出、提取。抽取的是共同特征，即能把一类事物与他类事物区分开来的特征，这些具有区分作用的特征又称本质特征。因此，抽取事物的共同特征就是抽取事物的本质特征，舍弃不同特征。也就是说，抽象是高度概括、精炼和裁剪的过程，保留本质的特征，去掉多余的、非本质的部分，目的是把自然物的典型特征最大程度地凸显出来。经过抽象化处理后得到的元素，一般都以最简洁单纯的根源形、有机形、规则形或几何形呈现，这些被转译还原的视觉元素是大自然最基本的形状词汇，构成了向人类传达信息的视觉语言。自然的组织模式和语言都有特定的功能，人类积累了几千年的生活经验，总结出自然形态的含义，每种形状内含的原则都是有目的的。比如，圆是封闭的，饱满有弹性会滚动；方形能平稳地放置；三角形有明确的方向性；

曲线柔软且有韵律感；直线会往两端拉长并相交……这些原则所蕴含的真理是不言而喻的，它能突破语言和文化的限制进行传播。只有通过大量的观察、思索和积累，才能提高对自然形态的敏锐性。自然物质的存在原理是灵感的来源，设计者对来自大自然的暗示解读得越深入、把握得越准确，设计的思维过程就越有条理，应用于设计也越合理。

抽象是人类的一种高级思维形式，从具象到抽象是形成创造思维的必经之路。在对具象的自然物进行形态分析的过程中，对于"提取"和"抽象"这个动作，需要变换角度进行观察，在反复比较中准确地找出具象形态的本质特征，进而掌握形态的造型规律。分析、比较和综合是抽象的基础，没有分析、比较和综合就找不到事物的异同，也不能区分事物的本质属性和非本质属性。具体的抽象过程包括分离、提炼、简化与立体化。

1）分离（解析）

分离是指暂时不考虑研究对象与其他各个对象之间的各种联系。分离本身就是一种抽象，它是抽象的第一步。

形态分析的具体方法：对研究对象的整体形态进行拆解、分割，选取局部，把细节放大，如图 7-20 所示。

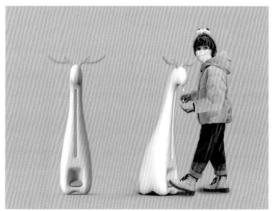

图 7-17　疫情背景下为儿童设计的手部消毒设备

图 7-18　模仿仙人掌的形态特征设计的剪刀

图 7-19 拟人化的仿生系列灯具设计

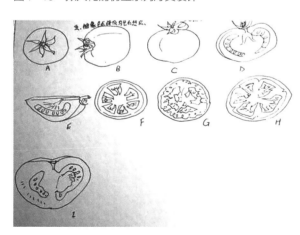

图 7-20 西红柿、苦瓜的切面分析

2）提纯（提炼）

提纯是指在思维中排除那些模糊的因素，以及忽略非本质因素，在纯粹状态下对研究对象的性质和规律进行考察。提纯是抽象过程中最关键的一步。

形态分析的具体方法：裁剪、去掉零散、琐碎、杂乱的部分，把干扰的、不必要的元素减去，用清晰规则的线条取代细枝末节的边缘，用规则的点、线、面做规范化、秩序化、符号化的处理，并理解来自大自然的形态词汇的基本含义和功能，以此探寻启发设计创意的可能性，如图7-21所示。

3）简化与立体化

简化是指对提纯结果做必要的处理，即对研究结果的一种简单化表达方式，简化也是一种抽象，而且是抽象过程中一个必要的环节。形态分析的具体方法就是化曲为直、化繁为简、化无序为有序，进一步做减法，把经过提炼得到的纯粹的元素按照一定的形式法则或秩序进行编排、重组，最大程度凸显出纯粹形态的本质特征，并强化纯粹形态的形体感；用拉伸、扭转、复制、积聚、切割、相切、相接、填充、镂空等处理方式，突出简化形态的立体感（图7-22从上至下列分别为鱼、瓢虫、蜜蜂、章鱼、独角仙、植物各局部的简化形态通过各种运动变形发展出的若干立体形态）。

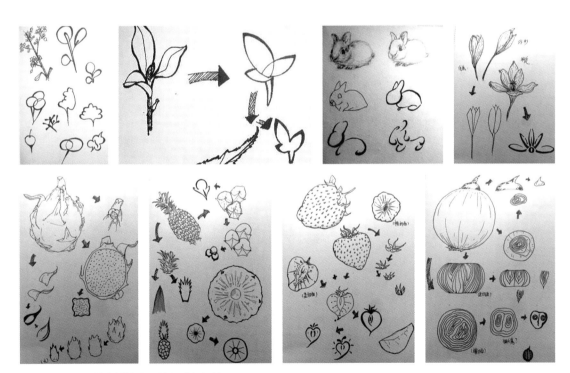

图7-21　对自然素材的本质特征进行提炼

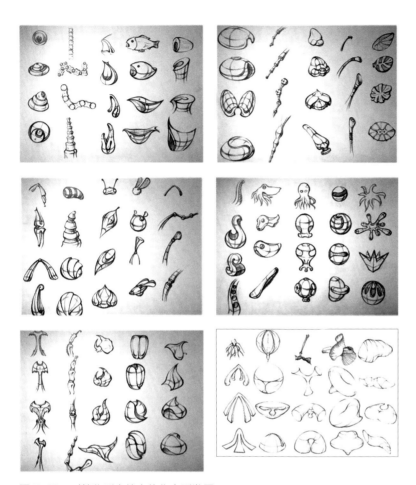

图 7-22　对简化形态的立体化变形发展

　　从具象到抽象的发展，需要把具象的自然形态进行有目的有意识的梳理和提炼，把复杂的、零散的、无序的、模糊不清的具象形态加工成简单的、统一的、规律的、清晰明了的抽象形态，这种抽象的视觉语言更有利于被快速传播、认知和记忆。这一过程是对视觉原型做主动的加工处理：化曲为直、化繁为简、化无序为有序，以抽象化、符号化的视觉元素去表达自然形态的本质特征，从中发掘出设计创意的多种可能，从具象到抽象的过渡是建立创意思维所必需的过程。

7.2.3 想象、联想、象征与文化

1）想象

想象是人在头脑里对已储存的表象进行加工改造，创造出新形象的心理过程，是一种高级的思维过程。设计中的想象是在知觉材料的基础上，经过新的配合进行加工再创造，是新形象创意的突破点。黑格尔在《美学》中说过："如果谈到本领，最杰出的艺术本领就是想象。"不仅艺术的创造需要想象，科学的发明也需要想象。牛顿被树上掉落的苹果砸中后，发现了万有引力定律；从达·芬奇、莱特兄弟对飞行器的早期发明到现代航空航天技术的发展，实现了人类对翱翔于蓝天甚至太空的想象；神话故事里通过想象塑造的千里眼和顺风耳，现在由望远镜和通信设备变为了现实。产品除了是功能的载体，还能透过视觉的外部形态向消费者传递信息，设计者的意图和情感注入其中，是设计思维的再现。设计者通过敏锐的洞察力，调动各种感官，对已有的知觉材料进行分解、重组、再构，使之成为新的理想化的视觉形象。想象是设计者个人的脑力劳动对有限的素材进行的加工再创造，是设计创新形成差异化的关键因素。

2）联想

联想是将有一定关联的两者或多者联系起来思考的模式，把一个或多个想象的信息与主体体验连接起来的思维过程。在设计创意的过程中，我们从任意某种具体可感的事物出发，由该种事物的外形、色彩、味道等因素想到了另外的事物，或记忆中的相关经历，这就是联想。联想的意义是不局限于对所选素材的观察和利用，而是根据一定的相关性从一个事物推想到另一个或多个事物，从一到多，打开思路。引发联想的情况包括：一类事物的形状、大小、色彩、肌理、声音、味道等知觉因素和另外一类事物对应的因素相类似时的相似联想；多个事物之间在空间或时间上的彼此接近时的接近联想；多个事物之间在逻辑上存在彼此相反、相对立时的对比联想；在逻辑上有因果关系的事物产生的因果联想。另外，观念、感觉等非可视的内容，也会因为内容之间的相似性而产生联想，一般采取象征、比喻、拟人等手法展开。

在设计创意的过程中，我们把自然素材作为基础元素进行观察和解析，抽象出简洁明快、富有美感的造型语言，再融入创作者的主观情感，从而达到形式和内容的高度统一。想象和联想都是在有限知觉材料的基础上，突破时间和空间的限制，扩大视野，从已知探索未知，开拓构思的范围，为设计思维开启更广阔的空间的方法。设计者在日常的工作中，需要大量积累各种类型的自然素材，不断思考、探索，为创意的产生做好充分的准备，如图7-23、图7-24所示。

图 7-23 联想练习——由多种自然生物的相关性产生 联想 图 7-24 基于松果的结构特征想象的未来住宅

3）象征与文化

自然形态的象征性是使创意能合理应用于设计的一个必须考虑的重要因素。由自然物质的形态、结构、功能等本质特征启发的灵感主要应用在人工制品外在的、物质化的造型设计上，而自然物的内在气质和象征意义匹配上设计者想表达的主观情感与精神内涵，并透过人造物固化的外形含蓄、隐喻地传递出来，以此引发无限的联想，成为形神兼备、内外统一的整体，是"外师造化，中得心源"创作理念的良好体现。

象征是人类文化的一种信息传递方式，它采取类比联想的思维方式，以客观存在或想象中的以及其他可感知的具体事物，来反映社会上人们的观念意识、心理状态、抽象概念和各种社会文化现象。设计中的象征是借助某一具体事物的外在特征，作为能指的信息负载物，用于表达设计者的主观情感和思想，或某种具有特殊意义的事物，也就是指代所要真正表达的事物。象征的本体意义和象征意义之间本没有必然的联系，但通过创作者对本体事物特征的突出呈现和抽象表达，会使信息接收者产生由此及彼的联想，从而领悟到创作者所要表达的含义。

我们对自然形态进行分析、抽象，使之发展为图案化、符号化的抽象语言，并赋予其象征意义使其具有信息传达的作用，从而构成一种超越自然的特殊语言。例如，玫瑰花的自然形象，被赋予了爱情、激情、示爱的含义，随着文化的发展，玫瑰的象征意义不断拓展——美、浪漫、爱情、圣洁、神秘、沉默、优雅……在中国，很多花也同样具有象征的意义，例如，牡丹象征富贵、荷花象征纯洁，梅兰竹菊被称为"四君子"，是文艺创作中常用的题材，象征文人的高尚品质。在选择自然素材作为研究对象进行提炼时，要遵循自然元素特定象征语义的所指，选择符合产品概念、产品功能、产品对象的合适的自然物，这样的设计才能合情合理。

产品设计为人们提供生活用品，满足人的使用需求、美化环境、愉悦心情，引导人类的生活方式，"观察一个社会人们所设计的和消费的人工制品，通常可以揭示当地的文化形式和人们的生活、教育、需求、愿望等方面"。设计被看作一面镜子，照映出时代的变迁与文化的发展。设计本身就是一种文化。在物质文明和科学技术高度发达的今天，消费者选购产品时，考虑的早已不只是基本的实用功能，人们更关注产品的文化价值、审美情趣以及象征意味等"实用"之外的因素，更寻求一种文化、身份和品位的体现、交流以及认同。因此，要求设计应更加关注人们的情感诉求，将各种设计要素有机地联系起来，把产品作为文化的载体，以独特的文化内涵和文化体验去打动消费者。

师法自然，把自然元素独特的符号语义、象征意义和文化内涵用于设计，使设计作品既有自然形态的本质特征，又能准确无误地对蕴藏其中的设计意图和理念进行传达，赋予产品除了实用性、审美性以外的文化价值。如图 7-25 所示，融合辛夷花节、李白故里、啤酒节三种文化元素的典型特征元素设计出地方特色的旅游纪念品。除了从自然形态中获取设计灵感外，还可以从无数的人工形态中得到启发。中国的传统文化对设计产生了极其深远的影响。例如，古老的器物、茶文化、饮食文化、传统风俗、民族服饰、图腾等都是文化创意设计的灵感宝库。设计是保护和存留传统文化的一大利器，设计可以跨越时间和空间的限制，把古老的、即将消失的文化通过一定的设计方法重新呈现在现代人的生活中，使传统文化以适应现代人的形式得到延续和发展。如图 7-26 所示，设计师将石磨的使用方式与卷笔刀相结合，唤起使用者对石磨这一古老器物的记忆。

大自然为人类造物的设计灵感提供了大量的原始素材，仿生设计不能照原样对自然形态进行模仿和再现，要把自然形态做抽象化处理，并融入设计者对于生活的感受，这样设计出的作品才能够显示出一种含蓄性，更容易触发我们的想象，更具有艺术的感染力。需要强调的是，在选择仿生对象时，要注意把握自然物本质的特征，尤其是对这些特征中最能和产品形态、产品意义、产品功能及使用环境等因素发生关联的特征进行提取和运用。由此才能使设计合情合理、相得益彰。如图 7-27 所示，以野生动物赖以生存的原始森林为设计来源，通过具象仿真的动物形象，以及铅笔插在底座上的使用方式与森林中树木林立的场景之间的关联，增加趣味性的同时，唤起人们保护森林、保护动物的意识。

设计创意，就是将新颖的、创造性的想法运用到设计中。产品的所有因素都需要创意，包括外形、结构、方式、功能、材料、色彩……而这些因素的创意没有先后次序之分，不能单独把某一项因素孤立起来思考，而是需要把这些因素联系起来并行思考，它们相互启发、相互制约，最终成为一个有机的整体。

创意的方法多种多样，有的设计师根据具体问题的类型，选择适合的方法进行设计，有的设计师凭借自己丰富的经验，总结出一套适合自己的方法，从而形成鲜明的设计风格。总的来说，关注生活、观察自然，是使设计灵感水到渠成的最佳途径。

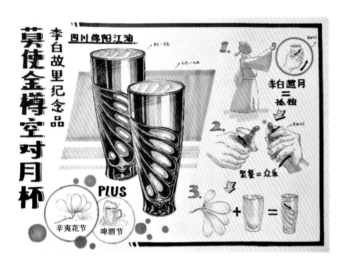

图 7-25　创意练习——地方旅游纪念品设计

图 7-26　"磨盘"——卷笔刀

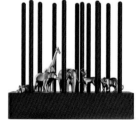

图 7-27　铅笔插座

7.3　美国辛辛那提大学 DAAP 学院产品形态设计训练

以下是美国俄亥俄州辛辛那提大学设计建筑艺术和规划学院由杰拉尔德·米肖和彼得·张伯伦共同主持的形态设计的工作坊教学（大二专业课程）的随堂训练，在本书中作为形态设计训练的教学案例进行整理和示范。除了课堂教学期间的练习外，学生在课后还做了大量的工作，实际设计成果才得以完成。

7.3.1　皮带扣的形态设计

工作坊的教学模式和国内的教学模式有些区别，杰拉尔德·米肖主持的形态设计的课程将项目策划、形态识别、形态设计、实物制作等环节融入教学课程，产品形态在设计与模型之间得到推敲，学生积极性很高。

项目一开始（图 7-28），教师通过介绍告知学生如何取得形态，特别是抽象形态，例如，如何通过对影像、声音、烟雾、随机线条、自然物等的阅读与理解（图 7-29 至图 7-32），感知其中的形态特征。

在这次工作坊运行中（图 7-33），教师主要采用了听音乐的方式，让学生挑选一些不同的音乐来听，学生也可以邀请教授一起来听他喜欢的纯音乐，然后再来创作他对音乐的感知后转译出来的图形符号，在此符号的基础上不断地进行推敲，以达到符合制作 Belt Buckle（皮带扣）的要求。如图 7-34 至图 7-51 是学生在课堂中的设计，可以感受到每个人对不同音乐的理解方式，甚至在设计中感受到学生的性格。

图 7-28　形态来源推荐指导

图 7-29　形态联想来源：线条

图 7-30　形态联想来源：影像

图 7-31　形态联想来源：烟雾

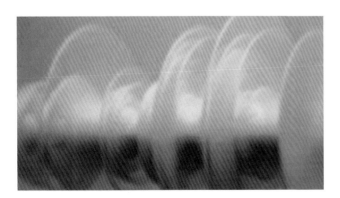

图 7-32　形态联想来源：物理现象

图 7-33　Studio 课程运行

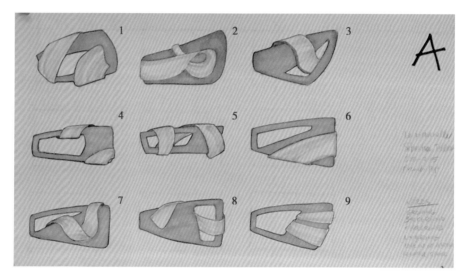

图 7-34　形态训练 1

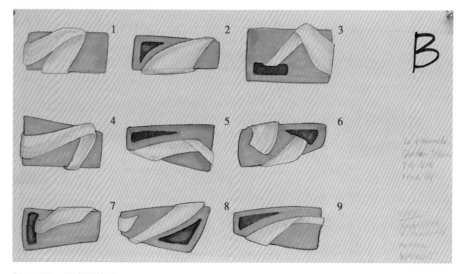

图 7-35　形态训练 2

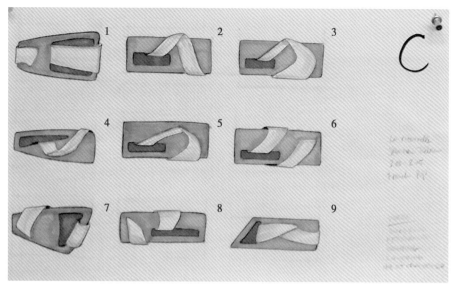

图 7-36　形态训练 3

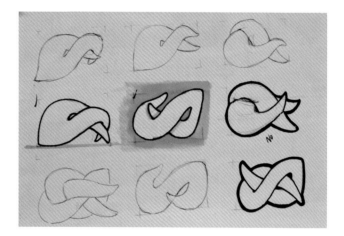

图 7-37　形态训练 4

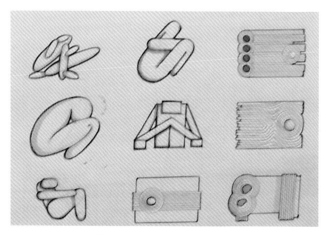

图 7-38　形态训练 5

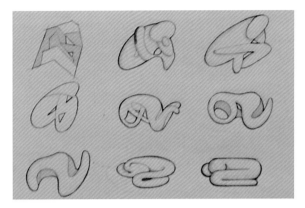

图 7-39　形态训练 6　　　　　　　　　　　　　　图 7-40　形态训练 7

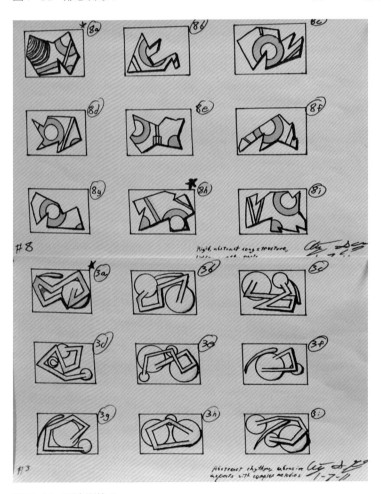

图 7-41　形态训练 8

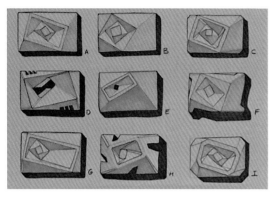

图 7-42　形态训练 9

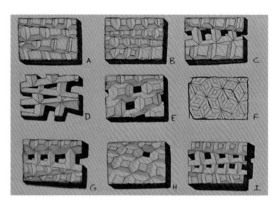

图 7-43　形态训练 10

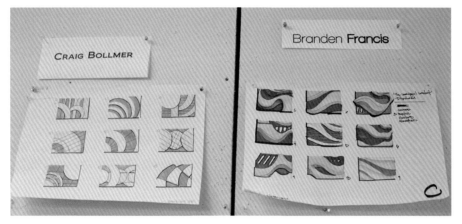

图 7-44　形态训练 11

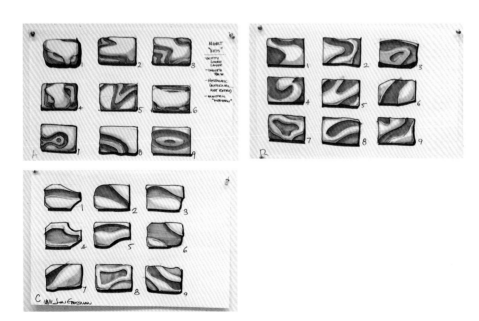

图 7-45　形态训练 12

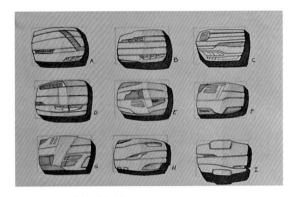

图 7-46　形态训练 13

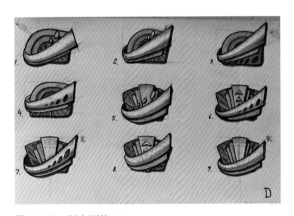

图 7-47　形态训练 14

图 7-48　形态训练 15

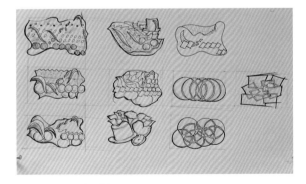

图 7-49　形态训练 16

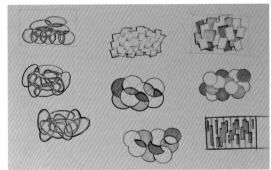

图 7-50　形态训练 17

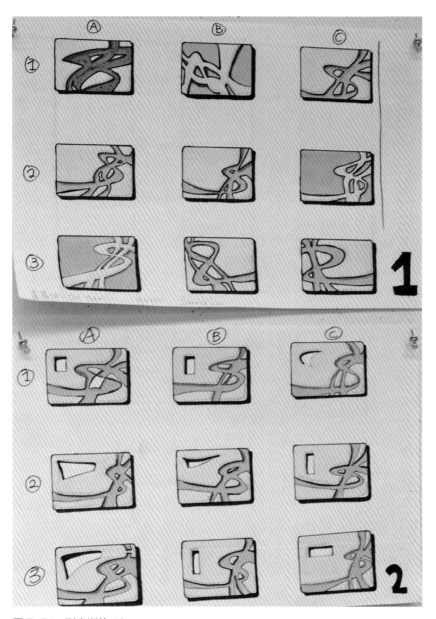

图 7-51 形态训练 18

当然，该校的设计教育非常注重实践，为了让学生能将自己的设计付诸实践，课程中还邀请了模具厂的技术人员到课堂上来讲解皮带扣（Belt Buckle）具体生产工艺，特别强调了皮带扣的制作材料与模具设计的注意事项。

在皮带扣设计的实施环节中，教授和技术工人一起为学生讲解了相关材料和加工工艺，如图 7-52 至图 7-54 所示，这与后面要讲述的几个案例一样，每个形态项目设计都融入了实施的环节，而在这些教学过程中又融入了机械、结构、材料、工艺、人机工程、用户研究等诸多设计环节，使得学生的项目成果更接近于生产实践。这应该是美国设计教育实践精神的最佳体现。

7.3.2 面具的形态设计

面具设计这个课题受到学生的普遍欢迎，因为项目结束后，他们正好要举行化装舞会，这个形态设计训练的成果将是最好的舞会装备。

和上一个课题一样，教授要求学生在一些自然形态中去寻找自己感兴趣的参照物，并在开始设计前要向教授讲解所选择的这些自然形态的特点，如图 7-55 所示。

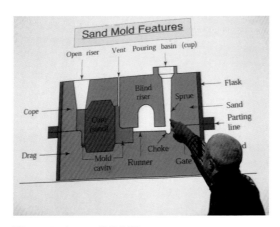

图 7-52 加工工艺的指导

图 7-53 材料与工艺现场指导环节

图 7-54 课堂教学实践环节

图 7-55 课堂教学实践环节

当然，学生的选择是千奇百怪的，你能想象和不能想象的东西都出现了。通过自然形态的采集与分析（图7-56），学生逐渐抓住了形态的特点，并加以融合和抽象。

学生马克很勤奋，也很严谨，在杰拉尔德的指导下很快进入设计状态。他首先选取了一些动物的头像（图7-57），这些头像都有一个共同的特征"大眼睛"。在草图设计环节，他将这一特征进一步放大，如图7-58所示。

通过对草图（图7-59）设计理念的展示，他获得了杰拉尔德和指导老师的肯定，第一个用白卡纸制作了面具模型初稿，并折叠成立体形态来进行展示，通过研讨，老师提出了一些小的建议，例如，是否能对形态进一步夸张，是否在形态细节（昆虫的复眼）上能有所表现，面具的组成结构之间能否更加合理、组装方便等。马克按照建议用了一下午不停地进行完善，最后完成了面具半边形态模型的制作，如图7-60所示。

面具确认设计完成后，要将所有的数据，特别是组装数据具体化，然后通过AI制作出来，最后通过实验室的激光切割机完成精确的制作，如图7-61、图7-62所示。

其他的学生，也在面具的形态设计中得到训练，通过和马克一样的研讨和设计，制作出了各种各样的面具模型，斯蒂芬妮更是就近取材，将杰拉尔德作为形态的研究对象，设计制作了杰拉尔德面具，如图7-63、图7-64所示。

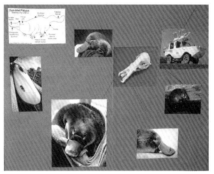

图7-56　自然形态的采集与分析

图7-57　动物头像的采集与分析

图7-58　面具模型初稿

图 7-59　形态草图设计

图 7-60　面具模型初稿研讨

图 7-61　装配数据与方式

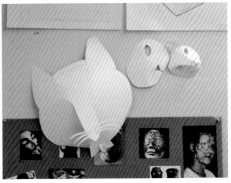

图 7-62　面具形态设计

图 7-63　面具部件的组成

图 7-64　杰拉尔德面具

　　这个面具形态设计课题快要结束的时候，杰拉尔德要求大家将面具模型全部拆解开，随机抽选班里的其他同学，通过面具的装配图来完成面具的组装工作，时间是3分钟。如果随机抽取的同学在规定的时间内完成不了面具的组装，那么，这个面具设计者的课题考核成绩可能就要受到影响。杰拉尔德的这种设计务实精神再次在他的课堂教学中得到了体现，还好，同学们都顺利地通过了这个课题的考核，还举行了一个小小的课堂化装舞会，如图7-65—图7-67所示。

图 7-65　面具形态设计

图 7-66　面具形态设计

图 7-67　面具舞会

7.3.3　国际象棋的形态设计

国际象棋新形态设计在这次工作坊课程中难度稍大，要求学生仔细研究国际象棋（图 7-68）每个棋子的形态特征，并将形态特征进行整理，进而设计开发出各自的国际象棋新形态，这些新的形态要求让人一眼就能认出哪个棋子是国王、皇后或者士兵。这个题目的难度在于对产品形态的捕捉与归纳，特别是产品形态符号的语义传达要明确。

学生一开始的设计也是摸不着头脑，教授并没有向他们灌输符号学或者语义学的理念，只是让他们互相研讨，在同学们的手绘作品间开展符号识别的工作，看谁的新形态最容易被别人识别，并能准确地识别各个棋子的含义。在三天内，学生完成了很多草图（图 7-69），并且有的学生已经开始制作模型来验证各个棋子的认读性，如图 7-70—图 7-72 所示。

马克的方案也得到了教授的肯定，他比较喜欢夸张的人物形象，从动画人物的角色出发，通过不同的表情和装饰，试图完成国际象棋角色的新设定，如图 7-73 至图 7-75 所示。

图 7-68　国际象棋

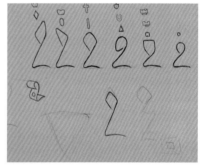

图 7-69　国际象棋方案草图绘制

图 7-70　国际象棋方案模型制作 1

图 7-71　国际象棋方案模型制作 2

图 7-72　国际象棋方案模型研讨

图 7-73　国际象棋方案草案

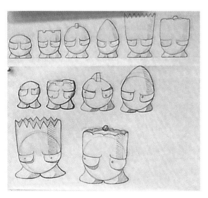

图 7-74　国际象棋方案草案

图 7-75　国际象棋方案草案

图 7-76　国际象棋方案数字模型

图 7-77　国际象棋数字模型验证：三维打印机
　　　　　辅助制作

图 7-78　国际象棋方案数字模型验证 2

图 7-79　国际象棋方案展示

　　工作坊的课程教学模式主要以研讨的方式和学生的自主学习为主，教授的引导为辅，课堂教学气氛十分的轻松，但是，教授在教学引导的过程中，要在恰当加入第六章叙述的训练内容的讲解，让学生在潜移默化中吸收知识，提升设计能力！

　　经过三周的研讨与模型的验证，教授要求隔壁班的同学来验证国际象棋新形态的认知程度，这就相当于课程考核了。这次有些同学获得了好成绩，也有个别同学的评价是"Not Bad"（还不错）。

　　这种自主式的学习方式使得学生完成的象棋形态各异，在课程秀中，大家纷纷拿出自己的成果进行展示，期望得到大家的认可，如图 7-80 至图 7-99所示。

图 7-80　国际象棋方案展示 1

图 7-81　国际象棋方案展示 2

图 7-82　国际象棋方案展示 3

图 7-83　国际象棋方案展示 4

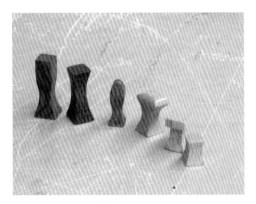

图 7-84　国际象棋方案展示 5

图 7-85　国际象棋方案展示 6

图 7-86　国际象棋方案展示 7

图 7-87　国际象棋方案展示 8

图 7-88　国际象棋方案展示 9

图 7-89　国际象棋方案展示 10

图 7-90　国际象棋方案展示 11

图 7-91　国际象棋方案展示 12

图 7-92 国际象棋方案展示 13

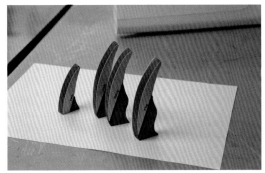

图 7-93 国际象棋方案展示 14

图 7-94 国际象棋方案展示 15

图 7-95 国际象棋方案展示 16

图 7-96 国际象棋方案展示 17

图 7-97 国际象棋方案展示 18

图 7-98 国际象棋方案展示 19

图 7-99 国际象棋方案展示 20

　　通过多个设计形态课题的训练，学生选用不同的材料，在肌理与质感、形态与装饰中逐渐取得了平衡，设计制作出了一批有趣的小"玩具"。由于这些学生还只是大二，课题还比较简单，但是，在简单的教学训练中，也让学生逐渐找到了自主学习的方式和方法，"授人以渔"成为教授的核心工作内容，这种教学模式是国内形态设计教学中值得借鉴的。

课后思考：

　　1. 试着完成一副面具的设计，使形态设计完成从平面到立体的转变。

　　2. 选择中国象棋为研究对象，选用不同的材料将棋子立体化，通过形态设计，完成棋子的形象设计扮演。

参考文献
REFERENCES

［1］库尔特·考夫卡.格式塔心理学原理［M］.李维，译.北京：北京大学出版社，2010.

［2］唐纳德·A.诺曼，设计心理学［M］.梅琼，译.北京：中信出版社，2010.

［3］弗洛伊德.精神分析引论［M］.罗生，译.天津：百花洲文艺出版社，2009.

［4］李乐山，何人可.产品设计心理学［M］.北京：高等教育出版社，2004.

［5］张成忠，吕屏.设计心理学［M］.北京：北京大学出版社，2007.

［6］柳沙.设计艺术心理学［M］.北京：清华大学出版社，2006.

［7］徐恒醇.设计美学［M］.北京：清华大学出版社，2006.

［8］郑建启，刘杰成.设计材料工艺学［M］.北京：高等教育出版社，2007.

［9］郑建启，胡飞.艺术设计方法学［M］.北京：清华大学出版社，2009.

［10］刘国余，沈杰.产品基础形态设计［M］.北京：中国轻工业出版社，2007.

［11］桂元龙，杨淳.产品形态设计［M］.北京：北京理工大学出版社，2011.

［12］李锋，吴丹，李飞.从构成走向产品设计：产品基础形态设计［M］.北京：中国建筑工业出版社，2005.

［13］于帆.形态主导产品创新设计［M］.合肥：合肥工业大学出版社，2011.

［14］曾祥远.产品形态设计原理［M］.北京：清华大学出版社，2010.

［15］刘国余.产品形态创意与表达［M］.上海：上海人民美术出版社，2004.

［16］顾宇清.产品形态分析［M］.北京：北京理工大学出版社，2007.

［17］陈炬.产品形态语意［M］.北京：北京理工大学出版社，2008.

［18］王沂蓬，王选政.形态与功能［M］.南昌：江西美术出版社，2010.

［19］韩巍.形态［M］.南京：东南大学出版社，2006.

［20］于炜.设计前瞻——生态异化、形态演化与设计进化［M］.上海：华东理工大学出版社，2009.

［21］毛斌，曲振波.形态设计［M］.北京：海洋出版社，2010.

［22］叶丹.形态构造［M］.武汉：华中科技大学出版社，2008.

［23］金剑平.立体形态构成［M］.合肥：安徽美术出版社，2005.

［24］陈震邦.工业产品造型设计第2版［M］.北京：机械工业出版社，2010.

［25］刘刚田.产品造型设计方法［M］.北京：电子工业出版社，2010.

［26］袁涛.工业产品造型设计［M］.北京：北京大学出版社，2011.

［27］吴国荣，杨明朗.产品造型设计［M］.武汉：武汉理工大学出版社，
　　　2006.

［28］张昆，宁芳.产品形态设计［M］.北京：机械工业出版社，2010.

［29］戴端.产品形态设计语义与传达［M］.北京：高等教育出版社，2010.

［30］苏颜丽，胡晓涛.产品形态设计［M］.上海：上海科学技术出版社，
　　　2010.

［31］陈慎任，马海波.产品形态语义设计实例［M］.北京：机械工业出版
　　　社，2002.

［32］吴海红，朱仁洲，周小儒.产品形态设计基础［M］.北京：化学工业出
　　　版社，2005.

［33］孙岚，成畅，王蕾.立体造型：工业产品形态美学教程［M］.桂林：广
　　　西美术出版社，2009.

［34］邱松.造型设计基础［M］.北京：清华大学出版社，2005.

［35］王沂蓬，王选政.形态与功能［M］.南昌：江西美术出版社，2010.

［36］赵芳.艺术形态构成设计［M］.北京：冶金工业出版社，2008.

［37］辛华泉.形态构成学（美术卷）——中国艺术教育大系［M］.杭州：中
　　　国美术学院出版社，1999.

［38］杨大松.立体形态设计基础［M］.合肥：安徽美术出版社，2003.

［39］吴祖慈.艺术形态学［M］.上海：上海交通大学出版社，2003.

［40］江湘芸.设计材料及加工工艺［M］.北京：北京理工大学出版社，2010.

［41］胡琳.产品设计概论［M］.北京：高等教育出版社，2006.

［42］叶丹，孔敏.产品构造原理［M］.北京：机械工业出版社，2010.

［43］徐恒醇.设计符号学［M］.北京：清华大学出版社，2008.

［44］张凌浩.符号学产品设计方法［M］.北京：中国建筑工业出版社，2011.

［45］吴翔.设计形态学［M］.重庆：重庆大学出版社，2008.

［46］刘永翔.产品设计［M］.北京：机械工业出版社，2009.

［47］刘浪.立体构成及应用［M］.长沙：湖南大学出版社，2004.

［48］陈嘉全.设计·色彩基础［M］.上海：上海人民美术出版社，2009.

［49］色彩审美情感和审美心理艺术设计的影响［Z］. 2011.

［50］史春珊，马兵. 形式设计美学：质感与肌理［D］. 2007.

［51］刘东方. 浅谈展示艺术中材质、质感与肌理［J］. 赤峰教育学院学报
　　　（自然科学版），2009（12）.

［52］王安霞. 构成设计［M］. 武汉：武汉理工大学出版社，2008.

［53］陈汉聪. 如何设计动感［Z］. http：//www. sj33. cn/Article/sjll/201202/
　　　30291_2. html.

［54］郭本禹. 潜意识的意义——精神分析心理学［M］. 济南：山东教育出版
　　　社，2009.

［55］陈晓鹏. 产品形态语言成因研究［D］. 武汉：武汉理工大学，2006.

［56］李和森. 基于产品形态的设计美学研究［D］. 武汉：武汉理工大学，
　　　2006.

［57］Shih-Wen Hsiao，Fu-Yuan Chiu. Product-form design model based on
　　　genetic algorithms［J］. International Journal of Industrial Ergonomics 40
　　　（2010）237-246.